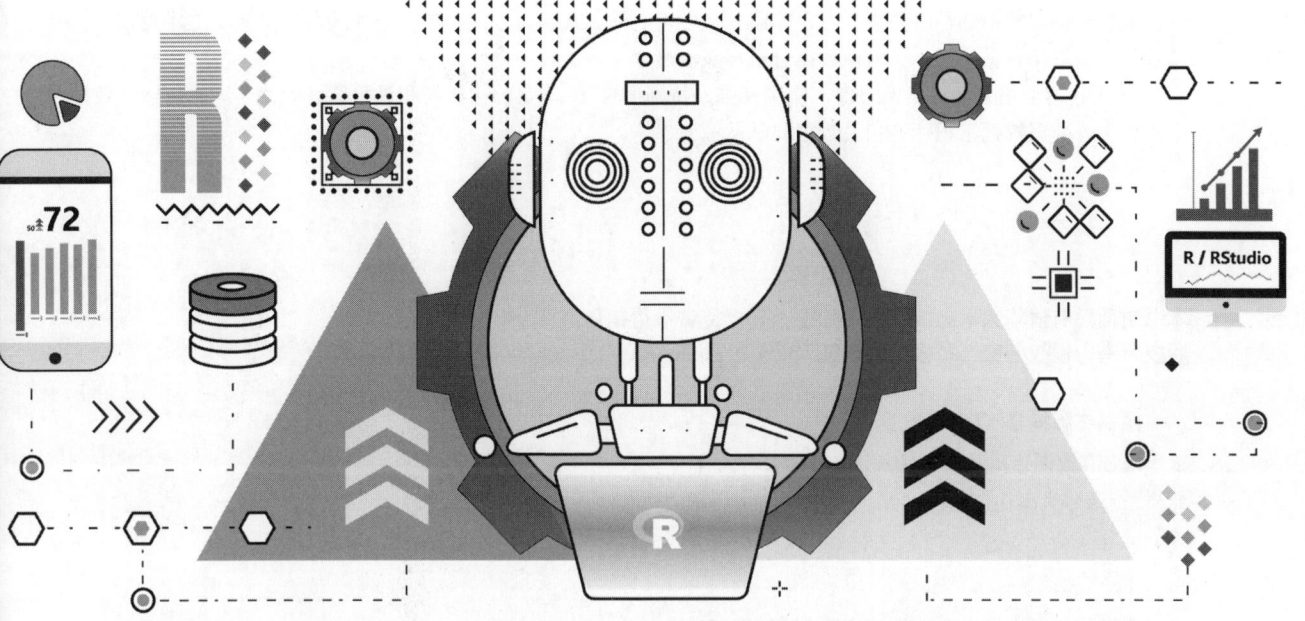

R语言数据分析

从入门到实践

李仁钟 / 编著

清华大学出版社

北京

内 容 简 介

　　R 语言是一种自由、免费且开源的高级编程语言和开发环境，它提供了强大的数据分析功能和丰富的数据可视化工具。随着数据科学的快速发展，R 语言已成为数据分析领域中备受青睐的通用语言。

　　本书共分为 15 章，主要内容包括 R 语言简介、数据读写、从流程控制到自定义函数、绘图功能及基本统计、数据分析和常用包、监督式学习、非监督式学习、演化式学习、混合式学习、关联性规则、文本挖掘、推荐系统、可视化数据分析、探索性数据分析以及深度学习等。

　　本书内容通俗易懂，案例丰富，实用性强，特别适合 R 语言的初学者和进阶读者阅读，同时也适合数据分析人员、数据挖掘工程师等相关数据科学从业者参考。

图书在版编目（CIP）数据

　　R 语言数据分析从入门到实践 / 李仁钟编著.

北京 : 清华大学出版社, 2025. 6. -- ISBN 978-7-302
-69397-0

　　Ⅰ. TP312

　　中国国家版本馆 CIP 数据核字第 20258FZ335 号

责任编辑：赵　军
封面设计：王　翔
责任校对：冯秀娟
责任印制：杨　艳

出版发行：清华大学出版社
　　　　　网　　　址：https://www.tup.com.cn，https://www.wqxuetang.com
　　　　　地　　　址：北京清华大学学研大厦 A 座　　　　　邮　　　编：100084
　　　　　社 总 机：010-83470000　　　　　　　　　　　邮　　　购：010-62786544
　　　　　投稿与读者服务：010-62776969，c-service@tup.tsinghua.edu.cn
　　　　　质 量 反 馈：010-62772015，zhiliang@tup.tsinghua.edu.cn

印 装 者：北京鑫海金澳胶印有限公司
经　　销：全国新华书店
开　　本：190mm×260mm　　　　印　张：14.5　　　字　　数：391 千字
版　　次：2025 年 7 月第 1 版　　　　　　　　　印　　次：2025 年 7 月第 1 次印刷
定　　价：79.00 元

产品编号：108703-01

前　　言

R 语言是一种完全开源的程序设计语言，可以免费使用。它具有丰富的生态系统（Comprehensive R Archive Network，CRAN），提供超过 15 000 个免费套件（Package），广泛应用于统计分析、数据挖掘、机器学习、生物信息学、金融分析以及社会科学研究等多个领域。随着 R 语言的流行和普及，许多学者和专家将其作为研究与开发的主要工具，因此学习 R 语言是明智的选择。

本书主要内容如下：

第 1 章　R 简介，主要介绍 R 软件的基本功能以及主要对象类型，如向量、数组、矩阵、数据框、因子、列表和对象转换。

第 2 章　读写数据，主要介绍 R 语言中常用的数据读取与写入方法，涵盖文本文件、Excel表格、数据库等多种数据源的操作技巧。

第 3 章　从流程控制到函数，主要介绍 R 语言编程的基础结构，包括流程控制语句和函数的定义与使用。通过学习本章内容，读者将能够编写结构清晰、高效可维护的代码，提升代码的复用性与执行效率。

第 4 章　绘图功能及基本统计，主要介绍 R 语言中的绘图功能，包括高级绘图函数、低级绘图函数及交互式绘图函数的使用，并讲解图形参数设置方法。同时，简要介绍基础统计知识，为后续统计建模打下基础。

第 5 章　数据分析和常用包，主要介绍 R 语言在数据分析领域的常见应用场景，并讲解机器学习、数据挖掘和文本挖掘中常用的扩展包及其基本用法。

第 6 章　监督式学习，本章系统讲解监督学习的主要算法，包括决策树、支持向量机（SVM）、人工神经网络（ANN）以及集成学习方法，帮助读者掌握预测建模的核心技术。

第 7 章　非监督式学习，主要介绍非监督式学习的基本原理与应用，重点讲解聚类分析方法，包括层次聚类、K 均值聚类、模糊 C 均值聚类及其评价指标，适用于无标签数据的自动分类任务。

第 8 章　演化式学习，主要介绍基于自然启发机制的优化算法，主要包括遗传算法（GA）和人工蜂群算法（ABC），并探讨其在优化问题中的应用。

第 9 章　混合式学习，主要介绍多种智能算法的融合策略，包括人工蜂群算法与决策树的结合、遗传算法与人工神经网络的结合，以提升模型性能与泛化能力。

第 10 章　关联性规则，主要讲解关联规则的基本概念与生成方法，重点介绍如何从大量数据中发现变量之间的潜在关联关系，并应用于推荐系统等领域。

第 11 章　文本挖掘，主要介绍文本挖掘的基本流程，包括中文分词、词频统计与词云生成等内容，帮助读者掌握从非结构化文本中提取信息的方法。

第 12 章　推荐系统，通过 Jester5k 与 MovieLens 等经典数据集，演示推荐系统的实现过程，涵盖协同过滤、内容推荐等主流方法。

第 13 章　可视化数据分析，主要介绍数据可视化工具的使用方法，帮助读者通过图表形式直观展示数据特征与分析结果，提高数据洞察力。

第 14 章　探索性数据分析，通过实际案例引导读者完成完整的探索性数据分析流程。

第 15 章　深度学习，主要介绍深度学习的核心算法，包括多层感知器（MLP）、卷积神经网络（CNN）、长短期记忆网络（LSTM）和生成对抗网络（GAN），并提供 R 语言环境下的实现示例。

本书配套源代码、数据、教学 PPT 课件，请用微信扫描下方的二维码获取，也可按扫描出来的页面提示，把下载链接发送到自己的邮箱进行下载。

源代码　　　　　　　数据　　　　　　PPT 课件

如果读者在学习过程中有任何问题，请通过电子邮件联系 booksaga@126.com，邮件主题为"R 语言数据分析从入门到实践"。

笔者是福州大学先进制造学院教授，本书是笔者多年教学经验的结晶，适合有意向学习数据分析的读者阅读。书中的范例代码可供读者进行练习。本书特别适合想学 R 语言和数据分析的初学者，同时也可作为希望自我进修的入门参考书。尽管笔者在撰写本书时力求完美，但仍可能存在疏漏之处，欢迎各位读者批评与指正。

本书的出版，感谢李开晖教授、王量弘教授及出版社编辑的鼎力协助，同时感谢福州大学先进制造学院领导的支持，最后也感谢家人的全力支持与协助。

李仁钟
2025 年 4 月

目　　录

## 第 1 章

R 简 介

1

　　R 是属于 GNU 系统的一款自由、免费且开源的高级编程语言和软件环境。它是一款集数据分析、统计计算和绘图功能于一体的整合性软件，同时也是一门功能强大的程序设计语言。R 最初由 Ross Ihaka 与 Robert Gentleman 开发，其语法与 AT & T 贝尔实验室 Rick Becker、John Chambers 与 Allan Wilks 等人开发的 S 语言相似。R 支持 Windows、UNIX、Linux 及 macOS 等多种操作系统。目前，R 的核心开发团队由来自世界各地的不同机构组成，其官方网站地址为 http://www.r-project.org。在此网站上，我们可以查阅大量关于 R 的文档、图书及其他资源。R 的应用领域广泛，包含数据分析、统计分析、数据挖掘、机器学习、推荐系统、文本挖掘及深度学习等。

1.1　R 软件介绍

　　读者可从 R 官方网站下载适合自己操作系统的新版 R 软件。安装 R 软件后，可以搜索并下载 RStudio。RStudio 是一个专为 R 设计的集成开发环境。R 和 RStudio 在 Windows 操作系统上的安装步骤详见附录 A 和附录 B。

　　R 官方网站提供了功能非常强大的工具集，我们可以从网站上安装相关的应用包（Package，或称为程序包，软件包）。R 提供了超过 1 万个免费包。当计算机连接到因特网后，若使用 Windows 版本，可以通过"程序包"菜单选项轻松安装这些免费的程序包。用户可以从该菜单中选择"加载程序包"选项来选择可用的包。在选择好所需的包之后，R 软件将自动下载并安装所选包。本书中的范例及操作皆在 Windows 操作系统下进行，如果要在 UNIX、Linux 或 macOS 操作系统上运行 R 软件，则需要进行相应的调整。我们也可以自行安装包，例如安装 C5.0 决策树包 C50（注意英文字母大小写），只需在 R 提示符">"后输入以下指令（注意：

当提示符号为"+"时，表示程序正在执行中，或在等待未执行完成的指令）：

```
> install.packages("C50")
```

可使用以下指令来调用 C50 包中提供的函数：

```
> library(C50)
```

若要删除已安装的包，例如 C50 包，可使用代码如下：

```
> remove.packages("C50")
```

R 软件是一种语法非常简单的表达式语言（Expression Language）。它支持对象（Object），且对象名（即变量名）的第一个字母必须是英文字母或句点（.）。若对象名以句点开始，则其后不能紧跟数字。例如，.2iswrong 是无效的对象名。R 语言中的对象在使用前无须声明，但对象名称中的字母大小写会被区分，因此 X 和 x 被视为不同的对象。R 语言保留了一些标识符作为指令名（即保留字），如 c 与 NA 等。R 语言的赋值（Assignment）操作可以使用符号"<-"（也可以使用"="），示例代码如下：

```
# 赋值表达式
> x <- 10
> x
[1] 10


> X <- x^2
> X
[1] 100
> z <- sqrt(X)
> z
[1] 10
```

可以通过对象名的数据属性（Attribute）来描述对象的特性。也就是说，对象名的数据属性决定了该对象的属性。所有对象名都有两个基本属性：数据类型（Mode）和长度（Length）。对象中的元素（Element）共有 4 种基本数据类型：数值（Numeric）、字符串（Character）、复数（Complex）和逻辑（Logical）。虽然存在其他数据类型，但它们不能用于表示数据，例如函数（Function）或表达式（Expression）。长度（Length）是指对象中元素的数量。对象的数据类型和长度可以分别通过 mode()函数和 length()函数获得。代码如下：

```
# 对象的数据类型和长度
> x <- 10
> x
[1] 10


> mode(x)
```

```
[1] "numeric"

> length(x)
[1] 1
```

如果要在同一行中运行多个表达式，可以使用分号（;）将它们隔开，代码如下：

```
> x <- 10; y <- x^2; z <- sqrt(y)
> z
[1] 10
```

注释可以放在程序中的任何地方，所有以"#"号开头的行都是注释，代码如下：

```
# 整数
> x <- 10
> x
[1] 10
> mode(x)
[1] "numeric"
> length(x)
[1] 1
# 浮点数（实数）
> y <- 10.9
> y
[1] 10.9
> mode(y)
[1] "numeric"
> length(y)
[1] 1

# 逻辑
> z <- T
> z
[1] TRUE
> mode(z)
[1] "logical"
> length(z)
[1] 1

# 字符串
> a <- "Hello"
> a
[1] "Hello"
```

```
> mode(a)
[1] "character"
> length(a)
[1] 1


# 复数
> z <- 4+2i
> z
[1] 4+2i
> mode(z)
[1] "complex"
> length(z)
[1] 1
```

1.2　R对象介绍

R 是面向对象的程序设计语言，其常用对象有向量（Vector）、数组（Array）、矩阵（Matrix）、数据框（Data Frame）、因子（Factor）及列表（List）等。

1.2.1　向量

向量由包含相同数据类型的元素组成。R 程序中最简单的结构就是由一串有序数值构成的数值向量。假如用户要建立一个含有 6 个数值的向量 V，其值分别为 10、5、3.1、6.4、9.2 和 21.7，可以在 R 程序中调用 c()函数来实现，代码如下：

```
# 向量
> V <- c(10, 5, 3.1, 6.4, 9.2, 21.7)
> V
[1] 10.0 5.0 3.1 6.4 9.2 21.7
> length(V)
[1] 6
> mode(V)
[1] "numeric"
```

也可以调用 assign()函数来实现与上述程序相同的结果，代码如下：

```
> assign("V", c(10, 5, 3.1, 6.4, 9.2, 21.7))
> V
[1] 10.0 5.0 3.1 6.4 9.2 21.7
> length(V)
```

```
[1] 6
> mode(V)
[1] "numeric"
```

在某些情况下，向量的元素可能会丢失。当向量中的元素为缺失值（Missing Value）时，可以给该元素赋值为 NA（需大写），代码如下：

```
# 缺失值
> V <- c(10, 5, NA, 6.4, 9.2, 21.7)
> V
[1] 10.0 5.0 NA 6.4 9.2 21.7
```

我们可以使用方括号"[]"来访问向量中的特定元素。值得注意的是，在 R 语言中，向量对象的第一个元素索引值（Index）默认是从 1 开始的，而不是从 0 开始，代码如下：

```
# 访问向量中的特定元素
> V[2]
[1] 5
```

R 语言中还提供 Inf、–Inf 及 NaN（Not a Number），而 NULL 表示对象的长度为 0，代码如下：

```
# Inf -Inf  NaN NULL 说明
>  V <- c(1,-2,0)
> V/0
[1]  Inf -Inf  NaN

> V <- NULL
> length(V)
[1] 0
```

此外，还可以使用":"操作符创建连续向量并进行访问，代码如下：

```
# 创建连续向量并进行访问
> V2=1:10
> V2
[1]  1 2 3 4 5 6 7 8 9 10

> V2[1]
[1] 1

> V2[2:4]
[1] 2 3 4
```

1.2.2　数组

数组可以看作是多维度的向量。例如，一个三维数组 X 可以用 $X[i,j,k]$ 来指向其中的特定元素。假设数组 X 的维度向量是 $c(3,4,2)$，则表示数组 X 中有 $3×4×2 = 24$ 个元素，这些元素依次为 $X[1,1,1]$, $X[2,1,1]$,…, $X[2,4,2]$, $X[3,4,2]$。

假设 X 是一个包含 24 个元素的向量，代码如下：

```
> X <- 1:24
```

可以调用 dim()函数来指定数组的维度（Dimension），让 X 变成一个 $3×4×2$ 的三维数组，R 程序会按照列（Column）方式排列元素，代码如下：

```
# 调用dim()函数用于指定数组的维度
> dim(X) <- c(3,4,2)
> X
, , 1


     [,1] [,2] [,3] [,4]
[1,]    1    4    7   10
[2,]    2    5    8   11
[3,]    3    6    9   12


, , 2


     [,1] [,2] [,3] [,4]
[1,]   13   16   19   22
[2,]   14   17   20   23
[3,]   15   18   21   24
```

我们可以让 X 变成一个 $4×6$ 的二维数组，代码如下：

```
# 改变维度
> dim(X) <- c(4,6)
> X
     [,1] [,2] [,3] [,4] [,5] [,6]
[1,]    1    5    9   13   17   21
[2,]    2    6   10   14   18   22
[3,]    3    7   11   15   19   23
[4,]    4    8   12   16   20   24
```

要创建一个数组，也可以直接调用 array()函数，此函数的第一个参数用于指定数据向量，第二个参数用于指定数组的维度。假设要创建一个 $3×4×2$ 的三维数组，代码如下：

```
# 调用array()函数来创建数组
> X <- array(1:24, dim = c(3,4,2))
> X
, , 1

     [,1] [,2] [,3] [,4]
[1,]    1    4    7   10
[2,]    2    5    8   11
[3,]    3    6    9   12


, , 2

     [,1] [,2] [,3] [,4]
[1,]   13   16   19   22
[2,]   14   17   20   23
[3,]   15   18   21   24
```

假设要创建一个4×6的二维数组，代码如下：

```
> X <- array(1:24, dim = c(4,6))
> X
     [,1] [,2] [,3] [,4] [,5] [,6]
[1,]    1    5    9   13   17   21
[2,]    2    6   10   14   18   22
[3,]    3    7   11   15   19   23
[4,]    4    8   12   16   20   24
```

需要注意的是，可以通过以下代码创建一个所有元素的值都是0的三维数组：

```
> X <- array(0, dim = c(3,4,2))
> X
, , 1

     [,1] [,2] [,3] [,4]
[1,]    0    0    0    0
[2,]    0    0    0    0
[3,]    0    0    0    0


, , 2

     [,1] [,2] [,3] [,4]
[1,]    0    0    0    0
[2,]    0    0    0    0
```

```
[3,]  0   0   0   0
```

此外，还可以调用 rbind()函数和 cbind()函数来创建数组。rbind()函数将向量按行（Row）合并成一个数组，而 cbind()函数则将向量按列（Column）合并成一个数组，代码如下：

```
# 调用rbind()函数和cbind()函数来创建数组
> X1 <- c(1,2,3,4)
> X2 <- c(5,6,7,8)
> X  <- rbind(X1,X2)
> X
   [,1] [,2] [,3] [,4]
X1   1    2    3    4
X2   5    6    7    8

> X <- cbind(X1,X2)
> X
    X1 X2
[1,]  1  5
[2,]  2  6
[3,]  3  7
[4,]  4  8
```

1.2.3 矩阵

矩阵（Matrix）是二维数组。要创建一个矩阵，可以调用 matrix()函数。在 R 4.0 及以上的版本中，矩阵和数组的处理方式更加一致。虽然在概念上矩阵只是二维数组，但在 R 的早期版本中，矩阵和数组对象的处理方法在某些情况下并不相同。自 R 的新版本开始，矩阵对象将继承自数组类，从而消除了这种处理不一致的问题，代码如下：

```
matrix(data = NA, nrow = 1, ncol = 1, byrow = FALSE, dimnames = NULL)
```

参数说明如下：

- nrow: 表示矩阵的行数。
- ncol: 表示矩阵的列数。
- byrow: 表示矩阵中的数据是按行（byrow=TRUE）还是按列（byrow=FALSE）的顺序排列。
- dimnames: 用于为行或列命名。

```
# 调用matrix()函数创建二维数组
> X <- matrix(1:24, nrow=4, ncol=6, byrow=TRUE)
> X
```

```
      [,1] [,2] [,3] [,4] [,5] [,6]
[1,]    1    2    3    4    5    6
[2,]    7    8    9   10   11   12
[3,]   13   14   15   16   17   18
[4,]   19   20   21   22   23   24

> X <- matrix(1:24, nrow=4, ncol=6, byrow=FALSE)
> X
      [,1] [,2] [,3] [,4] [,5] [,6]
[1,]    1    5    9   13   17   21
[2,]    2    6   10   14   18   22
[3,]    3    7   11   15   19   23
[4,]    4    8   12   16   20   24
```

在 R 4.0 及以上版本中, 矩阵对象将继承自数组类, 可调用 class()函数进行确认。

```
> class(X)
[1] "matrix" "array"
```

矩阵也可以通过调用 rbind()函数和 cbind()函数来创建。t()函数是矩阵的转置(Transposition)函数, 而 nrow()函数和 ncol()函数分别返回矩阵的行数和列数。

```
# 调用rbind()函数和cbind()函数来创建矩阵和转置矩阵
> X1 <- c(1,2,3)
> X2 <- c(4,5,6)
> X3 <- c(7,8,9)
> X <- cbind(X1,X2,X3)
> X
     X1 X2 X3
[1,]  1  4  7
[2,]  2  5  8
[3,]  3  6  9
> Y=t(X)
> Y
   [,1] [,2] [,3]
X1    1    2    3
X2    4    5    6
X3    7    8    9

# 调用nrow()函数和ncol()函数返回矩阵的行数和列数
> m <- nrow(Y)
> m
```

```
[1] 3
> n <- ncol(Y)
> n
[1] 3
```

若要显示矩阵 X 的第一列元素，可执行代码如下：

```
# 显示矩阵整列的元素
> X[,1]
[1] 1 2 3
```

若要显示矩阵 X 的第二行元素，可执行代码如下：

```
# 显示矩阵整行的元素
> X[2,]
X1 X2 X3
 2  5  8
```

若要显示矩阵 X 的第一行及第三行元素，可执行代码如下：

```
# 显示矩阵部分行的元素
> X[c(1,3),]
     X1 X2 X3
[1,]  1  4  7
[2,]  3  6  9
```

若要删除矩阵 X 的第一列元素，可执行代码如下：

```
# 删除矩阵的第一列元素
> X[,-1]
     X2 X3
[1,]  4  7
[2,]  5  8
[3,]  6  9
```

若要删除矩阵 X 的第二行元素，可执行代码如下：

```
# 删除矩阵的第二行元素
> X[-2,]
     X1 X2 X3
[1,]  1  4  7
[2,]  3  6  9
```

eigen()函数可以用来计算矩阵的特征值（Eigen Value）和特征向量（Eigen Vector），代码如下：

```
# 矩阵运算
> eigen(Y)
$values
[1]  1.611684e+01 -1.116844e+00 -1.303678e-15

$vectors
           [,1]        [,2]        [,3]
[1,] -0.2319707 -0.78583024  0.4082483
[2,] -0.5253221 -0.08675134 -0.8164966
[3,] -0.8186735  0.61232756  0.4082483
```

可以用 "%*%" 运算符表示矩阵相乘，执行代码如下：

```
> z <- Y%*%X
> z
   X1 X2  X3
X1 14 32  50
X2 32 77 122
X3 50 122 194
```

若要修改矩阵 Z 的列名称，可执行代码如下：

```
# 修改矩阵的列名称
> colnames(z) <- c("c1","c2","c3")
> z
   c1  c2  c3
X1 14  32  50
X2 32  77 122
X3 50 122 194
```

若要修改矩阵 Z 的行名称，可执行代码如下：

```
# 修改矩阵的行名称
> rownames(z) <- c("r1","r2","r3")
> z
   c1  c2  c3
r1 14  32  50
r2 32  77 122
r3 50 122 194
```

1.2.4 数据框

数据框与矩阵的结构类似，因为两者都是二维结构。然而，与矩阵不同的是，数据框的不同列可以包含不同的数据类型，但同一列的数据类型必须相同。数据框的每一行可视为一组观察值（Observation）或案例（Case），其变量名称由每一列的名称来定义。

使用以下方式创建数据框：

```
# 创建数据框
> id <- c(1, 2, 3, 4)
> age <- c(25, 30, 35, 40)
> sex <- c("Male", "Male", "Female", "Female")
> pay <-c (30000, 40000, 45000, 50000)
> X.dataframe <- data.frame(id, age, sex, pay)
> X.dataframe
  id age    sex   pay
1  1  25   Male 30000
2  2  30   Male 40000
3  3  35 Female 45000
4  4  40 Female 50000
```

使用以下方式获取或引用数据框中第三行第二列的元素：

```
> X.dataframe[3,2]
[1] 35
```

使用列的名称获取或引用数据框中对应列的所有元素：

```
# 使用列的名称获取列元素
> X.dataframe$age
[1] 25 30 35 40
```

使用以下方式获取或引用数据框中对应列的名称及元素：

```
# 使用列的名称获取列的名称及元素
> X.dataframe[2]
  age
1  25
2  30
3  35
4  40
```

R 程序提供了与 Excel 界面类似的编辑器来创建或修改数据框的值（见图 1-1）：

```
# 编辑或修改数据框的值
> edit(X.dataframe)
```

若确定要修改数据框的值，则需使用赋值运算符：

```
> X.dataframe <- edit(X.dataframe)
```

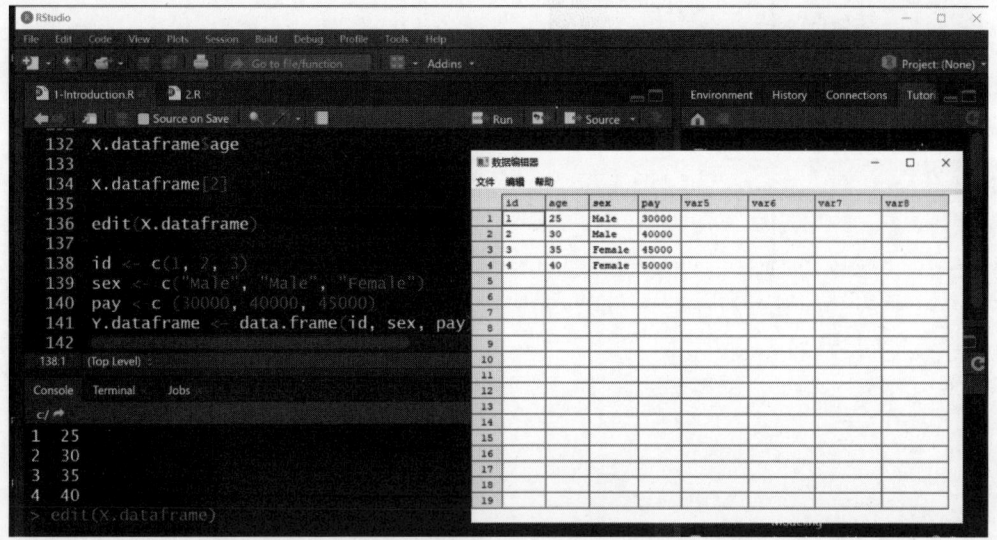

图 1-1　edit()函数

1.2.5　因子

因子（Factor）是一种特别的向量，用于将长度相同的离散数据向量分组（Grouping）。在字符串向量中，每一个元素取一个离散值，因子有一个特殊属性，称为水平（Levels），表示因子变量可取的所有离散值。一旦被设置为因子，R 在打印时就不会加上双引号。

可以调用 factor()函数来创建因子，其中 Levels 代表因子可取的所有离散值：

```
> sex <- factor(c("男", "女", "男", "男", "女"))
> sex
[1] 男 女 男 男 女
Levels: 女 男
```

1.2.6　列表

R 语言的列表是由有序序列（Order Sequence）构成的对象。列表的组成元素（Component，也简称元素）可以是异质（Heterogeneous）的对象，也就是说，各个组成元素的数据类型可以不同。一个列表中的元素可以包括数值、逻辑、字符串、复数、向量、矩阵、因子以及数据框等。

可以调用 list()函数来创建列表：

```
# 创建列表
> id <- c(1, 2, 3)
> sex <- c("Male", "Male", "Female")
> pay <-c (30000, 40000, 45000)
> Y.dataframe <- data.frame(id, sex, pay)

> gender <- factor(c("男", "男", "女"))

> Paul.Family <- list(name="Paul", wife="Iris", no.kids=3,
kids.age=c(25,28,30), gender, Y.dataframe)
> Paul.Family
$name
[1] "Paul"

$wife
[1] "Iris"

$no.kids
[1] 3

$kids.age
[1] 25 28 30

[[5]]
[1] 男 男 女
Levels: 女 男

[[6]]
  id    sex   pay
1 1   Male 30000
2 2   Male 40000
3 3 Female 45000
```

可以使用 "$" 符号来获取或引用列表中的某个元素。例如要获取 Paul.Family 中的第 4 个
元素，可执行如下指令：

```
# 使用$符号来获取或引用列表中的元素
> Paul.Family$kids.age
[1]  25 28 30
```

也可以使用双重方括号 "[[]]" 及索引值来获取或引用列表中某个元素。例如要获取
Paul.Family 中的第 4 个元素，可执行如下指令：

```
# 使用双重方括号 "[[]]" 来获取或引用列表中的元素
> Paul.Family[[4]]
```

```
[1]  25 28 30
```

若使用方括号"[]"及索引值,则可获取或引用列表中某个位置的组成元素及其名称,执行如下命令:

```
# 使用方括号"[]"来获取或引用列表中的元素及其名称
> Paul.Family[4]
$kids.age
[1]  25 28 30
```

若使用双重方括号"[[]]"获取第二个孩子的年龄,可执行如下的命令:

```
> Paul.Family$kids.age[2]
[1]  28
```

或

```
> Paul.Family[[4]][2]
[1]  28
```

1.2.7　对象转换

R 语言提供了多个函数用于不同对象之间的转换,这些函数包括 as.vector()、as.array()、as.matrix()、as.factor()、as.data.frame()及 as.list()等。

创建数据框对象,命令如下:

```
# 转换向量->数据框->矩阵->向量
> id <- c(1, 2, 3, 4)
> x <- data.frame(id)
> x
  id
1  1
2  2
3  3
4  4
```

将数据框对象转换为矩阵对象,命令如下:

```
> matrix.x=as.matrix(x)
> matrix.x
     id
[1,]  1
[2,]  2
[3,]  3
```

```
[4,]  4
```

将矩阵对象转换为向量对象，命令如下：

```
> vector.x=as.vector(matrix.x)
> vector.x
[1] 1 2 3 4
```

1.3 习　　题

（1）使用 Repository 安装 C50 库（包），如图 1-2 所示。

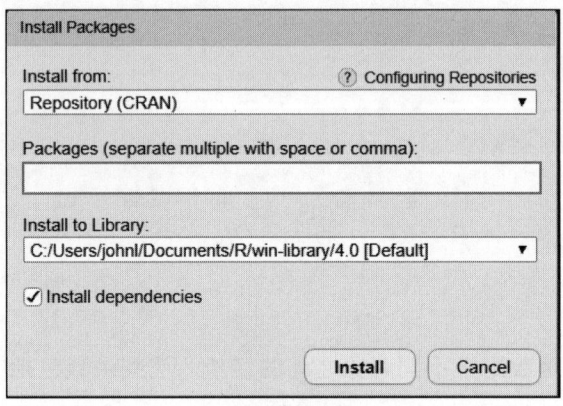

图 1-2　自动安装

（2）使用 Package Archive File 安装 RGtk2_2.20.36.zip 库（包），如图 1-3 所示。

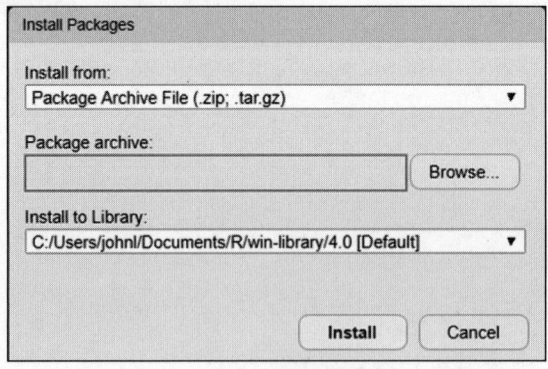

图 1-3　手动安装

第 2 章

读 写 数 据

2

对于数据的读取和写入，可以先调用 setwd（"C:/data"）函数或 setwd（"/home/R"）函数来切换工作目录，再调用 getwd()函数来确认当前工作目录。

```
> setwd("c:/")
> getwd()
[1] "c:/"
```

2.1 读 取 数 据

R 语言经常调用 read.table()、read.csv()或 scan()函数来读取存储在文本文件（ASCII）中的数据，read.table()函数主要用于数据框中的操作，可以直接将整个外部文件读入数据框对象。

外部文件常要求有特定的格式，例如：

（1）第一行（Line）可以是表头（Header），包含各列数据的变量名（Variable Name）。不过，表头也可以省略。

（2）其余各行为各行的值。

要读取 R 工作目录中的 X.csv 文件（见表 2-1），可执行如下指令：

表 2-1 X.csv 文件

id	age	sex	pay
1	25	Male	30000
2	30	Male	40000

（续表）

id	age	sex	pay
3	35	Female	45000
4	49	Female	50000

```
# 调用 read.table() 函数
> setwd("c:/") # 设置工作目录

# encoding 表示编码格式
> X <- read.table("X.csv",sep=",",header=TRUE, encoding="UTF-8")
> X
  id age    sex   pay
1  1  25   Male 30000
2  2  30   Male 40000
3  3  35 Female 45000
4  4  49 Female 50000

> X$age
[1] 25 30 35 49

> X[1,2]
[1] 25
```

注意，CSV 文件中的数据是用逗号分隔开的，所以加入 sep=","来指定分隔符是逗号。若 header=FALSE，则使用默认的 $V_1, V_2, \cdots, V_{\#}$ 来作为表头（header）的名称。

```
# 使用 header 参数要小心
> setwd("c:/")
> X <- read.table("X.csv",sep=",", header=F, encoding="Big5")
> X
  V1  V2     V3    V4
1 id age    sex   pay
2  1  25   Male 30000
3  2  30   Male 40000
4  3  35 Female 45000
5  4  49 Female 50000
```

也可以调用 read.csv() 函数：

```
# 调用 read.csv() 函数
> setwd("c:/")
> X <- read.csv("X.csv", header=TRUE, encoding="GBK")
```

```
> X
  id age    sex   pay
1  1  25   Male 30000
2  2  30   Male 40000
3  3  35 Female 45000
4  4  49 Female 50000

> X <- read.csv("X.csv", header=FALSE, encoding="UTF-8")
> X
  V1  V2     V3     V4
1 id age    sex    pay
2  1  25   Male  30000
3  2  30   Male  40000
4  3  35 Female  45000
5  4  49 Female  50000
```

可以使用 Excel 表将 X.csv 文件转换为 X.txt 文件（请使用文本文件，而不要使用 Unicode 字符编码的文件），再将文件读入。若文件中有中文，则需要先确认文件中的字符编码，将转换文件的字符编码后再将文件读入。macOS 操作系统默认的字符编码是 UTF-8，而 Windows 操作系统的中文版默认的字符编码是 GBK（简体字）或 Big5（繁体字）。使用 Windows 操作系统时，可以使用 notepad 打开 CSV 文件，再另存为 UTF-8 编码的文件，而后再读入文件。

读取网络上的 iris.data，网址为 https://gairuo.com/file/data/dataset/iris.data，读者也可使用本书提供的 iris.data：

```
> X <- read.csv("https://gairuo.com/file/data/dataset/iris.data", header = TRUE,
encoding = "UTF-8")
> X
```

R 4.0及以上版本最重要的更新之一是导入的字符串数据不再被默认转换成因子变量（Factor）。过去，stringsAsFactors选项默认为TRUE，因此导入的字符串数据都会被转换成因子变量，但是在新版本中，stringsAsFactors选项默认为FALSE。

```
> mode(X$species)
[1] "character"
> class(X$species)
[1] "character"

> X <- read.table("X.txt",header=TRUE, encoding="UTF-8")
> X
  id age    sex   pay
1  1  25   Male 30000
2  2  30   Male 40000
```

```
3   3   35 Female 45000
4   4   49 Female 50000
```

scan()函数比 read.table()函数更加灵活，因为 scan()函数可接收键盘输入的数据：

```
> X <- scan("")
1: 12          # 输入数据后按Enter键
2: 10
3: 5
4: 6.3
5:             # 不再输入数据时，可再按Enter键结束输入
Read 4 items
> X
[1] 12.0 10.0  5.0  6.3
```

scan()函数也可以指定输入数据的数据类型，例如要创建列表对象：

```
> my=scan(file="",what=list(name="",pay=integer(0),sex=""))
1: peter 50000 M      # 输入数据后按Enter键
2: lisa 40000 F
3: johnson 65000 M
4:                    # 不再输入数据时，可再按Enter键结束输入
Read 3 records

> mode(my)
[1] "list"
```

参数说明如下：

- file：文件路径，file=""表示由键盘输入值。
- what：设置输入值的数据类型，上述例子为创建列表对象，且第一个元素 name=""表示字符串，第二个元素 pay=integer(0)表示整数，而第三个元素 sex=""也是字符串。

scan()函数也可以读取 CSV 文件和文本文件，表 2-2 所示为 X1.csv 文件，读取命令如下：

表2-2   X1.csv文件

id	age	pay
1	25	30000
2	30	40000
3	35	45000
4	49	50000

```
> X <- scan("X1.csv", sep=",")
```

```
Read 12 items
> X
 [1]     1   25 30000     2   30 40000     3   35 45000     4   49 50000
```

使用 Excel 表将 X1.csv 文件转换为 X1.txt 文件后再读入：

```
> X <- scan("X1.txt")
Read 12 items
> X
 [1]    1   25 30000    2   30 40000    3   35 45000    4   49 50000
```

2.2　写　入　数　据

若需将存储数据或分析结果输出至外部文件，可以调用 write.table()函数，命令如下：

```
> write.table(X,"C:/X_File.csv",row.names=FALSE,col.names=TRUE,sep=",",
+           fileEncoding="GBK")
```

参数说明如下：

- X: 表示要输出至外部文件的对象。
- "C:/X_File.csv": 用于指定要输出至外部文件的文件名和路径。
- row.names: 表示输出至外部文件是否加上行名称。
- col.names: 表示输出至外部文件是否加上列名称。
- sep=",": 表示分隔符。
- fileEncoding: 表示输出至外部文件的字符编码格式。

R语言提供了一些内建的数据集，可以通过调用data()函数来查询这些内建的数据集，如图2-1所示。

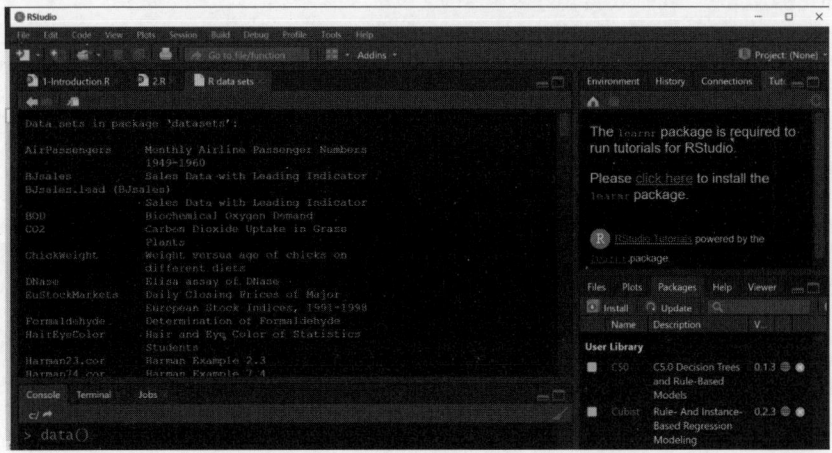

图 2-1　调用 data()函数查询内建的数据集

```
> data()
```

可调用 data()（数据集名称）函数来使用内建的数据集。例如，要使用 iris 数据集，可执行如下指令：

```
# 使用内建的iris数据集
> data(iris)
> iris
```

结果如图 2-2 所示。

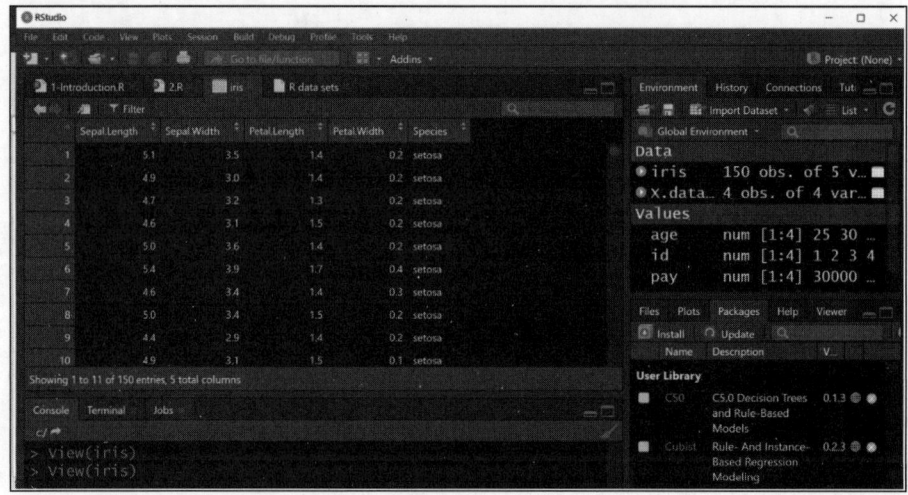

图 2-2   iris 数据集

可调用 str() 函数来取得数据集的数据结构：

```
> str(iris)
'data.frame':   150 obs. of  5 variables:
 $ Sepal.Length: num  5.1 4.9 4.7 4.6 5 5.4 4.6 5 4.4 4.9 ...
 $ Sepal.Width : num  3.5 3 3.2 3.1 3.6 3.9 3.4 3.4 2.9 3.1 ...
 $ Petal.Length: num  1.4 1.4 1.3 1.5 1.4 1.7 1.4 1.5 1.4 1.5 ...
 $ Petal.Width : num  0.2 0.2 0.2 0.2 0.2 0.4 0.3 0.2 0.2 0.1 ...
 $ Species     : Factor w/ 3 levels "setosa","versicolor",..: 1 1 1 1 1 1 1 1 1 1 ...
```

2.3   读写 RData 数据

R 语言可将使用的对象存储为 RData 格式的外部文件，也可将 RData 格式的外部文件读回 R 系统中。若想把 iris 数据集存储至 c:\iris.RData，可调用 save() 函数，命令如下：

```
> setwd("c:/")
```

```
> data(iris)
> save(iris,file="iris.RData")
```

若想把 iris.RData 文件读取到 R 系统中，可调用 load() 函数，命令如下：

```
> getwd()
[1] "c:/"

> load("iris.RData", .GlobalEnv)
```

参数说明如下：

- .GlobalEnv: 表示用户正在使用的工作空间（Workspace）。

2.4　读写 Excel 数据

首先，安装 xlsx 包，并加载 xlsx 包：

```
> install.packages("xlsx")
> library("xlsx")
```

然后，设置工作目录，使用 iris 数据集：

```
> setwd("c:/")
> data("iris")
```

接着，调用 write.xlsx() 函数执行写入操作：

```
> write.xlsx(iris, file="myexcel.xlsx", sheetName="IRIS", append=T)
> write.xlsx(mtcars, file="myexcel.xlsx", sheetName="MTCARS", append=+TRUE)
> write.xlsx(Titanic, file="myexcel.xlsx", sheetName="TITANIC", appen+d=TRUE)
```

最后，调用 read.xlsx() 函数将 myexcel.xlsx 文件的第一个工作表读入 res 变量：

```
# read the first sheet
> sheetIndex=1
> res <- read.xlsx("myexcel.xlsx", sheetIndex, header=TRUE)
```

2.5　习　　题

从 UCI 机器学习仓库（https://archive.ics.uci.edu/dataset/53/iris）下载 iris 数据集，读者也可使用本书提供的 iris.data 并转换成 iris.csv 文件。

第 3 章

从流程控制到函数

3

R 语言是一种表达式语言，其所有的指令都是函数或表达式。赋值表达式"<-"的返回值就是用于赋值的值。在 R 语言中，最简单的运行方式就是一行一行地输入表达式，然后显示运行的结果，例如：

```
> a <- c(1,2,3)
> x <- a+2
> x
[1] 3 4 5
```

如果想直接显示运行的结果，可将指令用圆括号（()）括起来，例如：

```
> a <- c(1,2,3)
> (x <- a+2)
[1] 3 4 5
```

指令也可以用花括号（{}）括起来，例如{expr#1;…;expr#m}，以运行多条指令，例如：

```
> {a <- c(1,2,3);x=a+2}
> x
[1] 3 4 5
```

R 语言的流程控制提供了条件执行（Condition Execution）与循环（Loop）等结构性语法。

3.1　条　件　执　行

R 语言的条件执行包含 if-else 语句、ifelse()函数和 switch()函数。

R 语言的 if-else 语句为：

```
if (condition) expr#1 else expr#2
```

或

```
if (condition) expr#1
```

参数说明如下：

- condition: 表示条件判断表达式，必须返回一个布尔值（TRUE 或 FALSE），而 &&（AND）和 ||（OR）逻辑运算符常用于条件判断表达式的条件控制部分。
- expr#1: 一般表达式。
- expr#2: 一般表达式。

```
> x <- 6
> if (x>5) y=2 else y=4
> y
[1] 2


> X <- 3
> if (X<5) Y=10
> Y
[1] 10
```

若有多个表达式，则可以使用花括号括起来，例如{expr#1; …; expr#m}：

```
> X <- 3
> Y <- 1
> if (X<5 && Y<5)
+ {Y <- 10; Z <- 5}
> Y
[1] 10
> Z
[1] 5
```

R 语言的 ifelse() 函数可用于简单的逻辑判断，若 condition 结果为 TRUE，则返回 a；否则返回 b。其语法为：

```
ifelse (condition, a, b)

> X <- 20
> Y=ifelse(X>5, 2, 3)
> Y
[1] 2
```

R 语言的 switch()函数语法为:

```
switch (condition, expr#1, …, expr#m)
```

参数说明如下:

- condition 为正整数或文字。
  - 若 condition 的值为正整数 n,则执行表达式 expr#n,若 n 值大于 m 或小于 1 时,switch() 函数无返回值。
  - 若 condition 值为文字,则执行相对应的表达式。

```
> X <- 1
> switch(X, 5, sum(1:10), rnorm(5))
[1] 5

> X <- 2
> switch(X, 5, sum(1:10), rnorm(5))
[1] 55

> X <- 3
> switch(X, 5, sum(1:10), rnorm(5))
[1] -0.185252822 -0.351313575 -0.008195255 -1.920097610 -0.680803488

> X <- 4
> switch(X, 5, sum(1:10), rnorm(5))      # 无返回值
>

> Y <- 1
> switch(Y, juice="Apple", meat="Pork")
[1] "Apple"
```

switch()函数也可以使用文字,例如:

```
> Y <- "juice"
> switch(Y, juice="Apple", meat="Pork")
[1] "Apple"
```

3.2 循 环 控 制

R 语言的循环控制语句包含 for、while 及 repeat。在循环中可使用 break 指令跳出循环,或使用 next 跳过当前一轮循环尚未执行的语句,直接进入当前循环体的下一轮循环。

R 语言的 for 循环语句的语法为:

```
for (index in expr#1) expr#2
```

或

```
for (index in expr#1) {expr#2;…;expr#m}
```

参数说明如下：

- index：表示循环索引。
- expr#1：表示数值或文字向量，例如 1:5 或 c("A","O","B","AB")。
- expr#2：根据 index 设计的区块表达式。for 循环会将 expr#1 向量中的每个元素按照顺序以一次一个的方式指定给 index，每指定一次，index 就会运行一次对应的 expr#2 表达式。
- {expr#2;…;expr#m}：多个表达式。

例如：

```
> X <- 0
> for(i in 1:5) X <- X+i
> X
[1] 15

> X <- 0
> Y <- 0
> for(i in 1:5) { X<- X+i; Y <- i^2}
> X
[1] 15
> Y
[1] 25
```

R 语言的 while 循环语句的语法为：

```
while (condition) expr#1
```

或

```
while (condition) {expr#1;…;expr#m}
```

参数说明如下：

- condition：当 condition 值为 TRUE 时，运行循环体内的表达式，并重复运行循环体内的指令，直到 condition 值为 FALSE。
- expr#1：一般表达式。
- {expr#1;…;expr#m}：多个表达式。

例如，求 1+2+…+9+10=55。

```
> sum <- 0
> i <- 1
> while (i <= 10) {sum <- sum + i; i <- i + 1} # condition i <= 10
```

```
> sum
[1] 55
```

Repeat 循环会重复运行表达式，通常在循环中设置检查控制循环的条件，并结合 break 指令。break 可用于结束循环，它是结束 repeat 循环的唯一方法。

R 语言的 repeat 循环语句的语法为：

```
repeat expr
```

参数说明如下：

- expr：一个用花括号括起来的区块表达式，必须设置检查循环控制条件。若符合特定的循环控制条件，则利用 break 指令结束循环。

例如，求 1+2+…+9+10=55。

```
> sum <- 0
> i <- 1
> repeat {
+ sum <- sum + i
+ i <- i + 1
+ if ( i > 10 ) break  # 结束循环
+ }
> sum
[1] 55
```

break 指令可用于结束循环，它是结束 repeat 循环的唯一办法；而 next 指令可用来跳过当前一轮循环尚未执行的语句，直接进入下一轮循环。

例如，求 1+3+…+47+49=625。

```
> sum <- 0
> for (i in 1:50)
+ {
+ if ( i %% 2 == 0 ) next   # %%是求偶数
+ sum <- sum + i            # 若i是偶数，则不运行sum <- sum + i
+ }
> sum
[1] 625
```

同其他程序设计语言一样，R 语言也常需要用到循环，但 R 语言的循环运行效率较差，因此应尽量避免使用循环。在 R 语言中，有些函数如 apply()、lapply()和 sapply()等，可以更高效地执行类似循环的指令。

apply(x, MARGIN, FUN, …)函数的作用是将一个指定函数的计算运用于数组或矩阵的每一列或每一行。

参数说明如下：

- x：表示要进行计算的目标数组或矩阵。
- MARGIN：其值为 1 或 2。1 表示行，2 表示列。
- FUN：表示指定的函数。

例如，调用 sum()函数求出数组的每一行的总数。

```
> X <- array(1:24, dim = c(4,6))
> X
     [,1] [,2] [,3] [,4] [,5] [,6]
[1,]    1    5    9   13   17   21
[2,]    2    6   10   14   18   22
[3,]    3    7   11   15   19   23
[4,]    4    8   12   16   20   24
> apply(X,1,sum)
[1] 66 72 78 84
```

例如，调用 sum()函数求出数组的每一列的总数。

```
> X <- array(1:24, dim = c(4,6))
> X
     [,1] [,2] [,3] [,4] [,5] [,6]
[1,]    1    5    9   13   17   21
[2,]    2    6   10   14   18   22
[3,]    3    7   11   15   19   23
[4,]    4    8   12   16   20   24
> apply(X,2,sum)
[1] 10 26 42 58 74 90
```

lapply(X, FUN, …)函数的作用是将一个指定函数的计算运用于列表对象 X 的每一元素，并返回一个列表对象。返回的列表对象的长度与原列表对象 X 的长度一致。

例如：

```
> X <- list(a=1:10, b=exp(-1:1))
> lapply(X,sum)
$a
[1] 55

$b
[1] 4.086161
```

sapply(X,FUN,…)函数的功能与 lapply(X,FUN,…)函数的功能类似，但 sapply(X,FUN,…)函数返回一个向量或矩阵对象。

```
> X <- list(a=1:10, b=exp(-1:1))
> sapply(X,sum)
       a        b
55.000000  4.086161
```

3.3　函　　数

R 语言提供的常用函数可参考附录 C。我们也可以自定义函数，其语法如下：

```
> myfun <- function(arg#1,arg#2,…) {expr#1;…;expr#m}
```

参数说明如下：

- arg#1,arg#2,…：自变量（Argument），可以有多个。
- expr#1;…;expr#m：表达式。自定义函数可以不返回函数值，R 语言默认将函数的最后一个表达式的结果作为返回值，也可以调用 return()函数返回函数的值。

例如：

```
> X <- 1
> myfun <- function(X) { Y <- X+2; return (Y) }
> myfun(X)
[1] 3
```

R 语言的自定义函数允许自变量有默认值。若调用函数时没有给自变量传入值，则使用默认值作为自变量的传入值；若自变量的传入值与默认值不同，则使用传入的值。

例如：

```
> X <- 2         # 自变量的传入值与默认值不同
> myfun <- function(X=1) { Y <- X+2; return (Y) }
> myfun(X)
[1] 4
> myfun <- function(X=1) { Y <- X+2; return (Y) }
> myfun()        # 若没有给自变量传入值，则使用默认值X=1
[1] 3
```

在 R 语言的自定义函数中，如果要修改函数外部对象的值，则只有使用"<<-"才能改变自定义函数外部对象的值。

例如：

```
> x <- 1
> myfun <- function(x) { x <- 2; print(x) }
```

```
> myfun(x)
[1] 2          # myfun中x的值
> x            # 无法改变外部对象x的值
[1] 1

> x <- 1
> myfun <- function(x) { x <<- 2; print(x) }
> myfun()
[1] 2          # myfun中改变外部对象x的值
> x            # 外部对象x的值已经改变
[1] 2
```

3.4　习　题

（1）使用 while（i <= 9）{ i <- i + 1;sum <- sum + i}完成 1+2+…+9+10=55。

（2）使用 while 循环语句和 break 指令完成 1+2+…+9+10=55。

## 第 4 章

绘图功能及基本统计

4

R 语言内建了许多绘图函数，这些函数可以显示各种统计图表，同时还支持开发者自建全新的图形。可以先参考以下 R 语言的绘图示例：

```
> demo(graphics)
> demo(image)
```

R 语言的绘图指令（函数）分为以下 3 个基本类型：

（1）高级绘图函数（High-level Plotting Functions）：用于创建新的图形，通常包括坐标轴、标题等。

（2）低级绘图函数（Low-level Plotting Functions）：在已经存在的图形上加上其他的图形元素，如额外的点、线等。

（3）交互式绘图函数（Interactive Graphics Functions）：允许交互式地用其他设备（如鼠标）在现有图形上继续绘制图形信息。

4.1　高级绘图函数

常用的高级绘图函数及说明如表 4-1 所示。

表4-1　高级绘图函数及说明

函　　数	说　　明
plot(y)	以索引为横坐标（x 轴）、y 为纵坐标（y 轴）来绘图
plot(x,y)	以 x（x 轴）和 y（y 轴）为坐标来绘图
pie(y)	绘制饼形图
boxplot(y)	绘制盒形图

（续表）

函　　数	说　　明
stem(y)	绘制茎叶图（Stem-and-leaf Plot）
dotchart(y)	绘制点图
hist(y)	绘制直方图
barplot(y)	绘制条形图
contour(x, y, z)	绘制等高线图

高级绘图函数可以通过改变参数的值来产生不同的绘图效果。plot()函数参数的设置值如下：

```
plot(x, y,
type = "p",
bty="o",
pch =
lty =
cex =
lwd =
col =
bg =
xlim = NULL, ylim = NULL,
log = "",
main = NULL,
sub = NULL,
xlab = NULL, ylab = NULL,
cex.main =
col.lab =
font.sub =
ann = par("ann"),
axes = TRUE,
...)
```

参数说明如下：

- x: x 坐标轴。
- y: y 坐标轴。
- type: 设置绘图在(x, y)的显示方式。

  - type="p": 画点。
  - type="l": 画线。
  - type="b": 画点，同时在点与点之间画线连接。
  - type="s": 阶梯函数（Step Function），为左连续函数。
  - type="S": 阶梯函数，为右连续函数。

- type="o": 画线，同时穿过画点。
- type="h": 从点到 x 坐标轴画垂直线。
- type="n": 不画任何点与线，但允许画坐标轴且建立坐标系统，适用于后续用低级图形函数绘图。

- bty: 设置图形坐标轴外框（Box）的类型。可选项为 { "o", "l", "7", "c", "u", "]" }。
- pch: 画点时，设置 pch=k，其中 k 是一个介于 1 ~ 25 的正整数，代表特定符号，默认值为 1。
- lty: 画线时，设置线条类型。

  - lty=1: 实线。
  - lty=2: 虚线。

- lwd: 画线时，设置线条宽度。

  - lwd=1: 默认值。
  - lwd=k: 线条宽度的倍数。

- col: 设置点、线的颜色。默认值为 black，可以设置颜色值（例如调色板中的数值）或使用颜色的名称。
- bg: 设置图形背景颜色，默认值为白色，例如 bg="white"。
- xlim: 设置坐标轴 x 值的上下界，如 xlim=c(1, 10)。
- ylim: 设置坐标轴 y 值的上下界，如 ylim=c(1, 10)。
- log: 设置坐标轴是否取对数值。

  - log="x": 对 x 坐标轴取对数值。
  - log="y": 对 y 坐标轴取对数值。
  - log="xy": 对 x 坐标轴与 y 坐标轴都取对数值。

- main: 设置图形主标题（Main Title），标题文字显示在图形上方，例如 main="Title"。
- sub: 设置图形次标题（Subtitle），标题文字显示在图形下方，例如 sub="Subtitle"。
- xlab: 设置 x 坐标轴标签，例如 xlab="X"。
- ylab: 设置 y 坐标轴标签，例如 ylab="Y"。
- ann: 表示是否画出自动设置的主标题和坐标轴标签，ann=TRUE 时，会画出自动设置的主标题及坐标轴标记。
- axes: 表示是否画出自动设置的坐标轴与坐标轴外框，axes=TRUE 时，会画出自动设置的坐标轴与坐标轴外框。

例如：

```
> x <- sin(1:20)
> plot(x, type="l",main="Sin Plot", xlab="X",ylab="Y")
```

结果如图 4-1 所示。

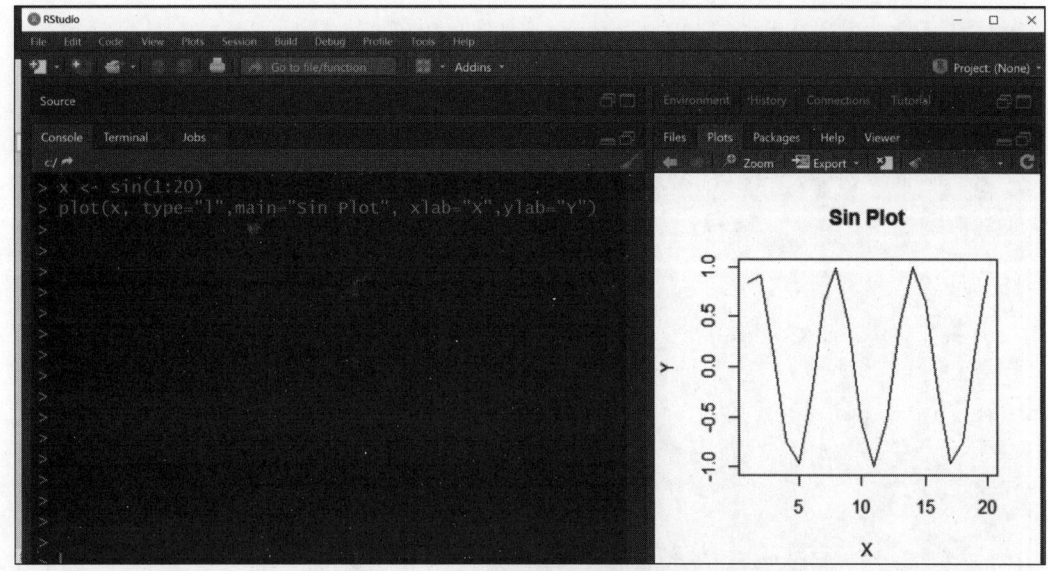

图 4-1　Sin 图

4.2　低级绘图函数

常用的低级绘图函数及说明如表 4-2 所示。

表 4-2　低级绘图函数及说明

函　　数	说　　明
points(x,y)	在现有的图形上加一个点
lines(x,y)	在现有的图形上加一条线
text(x,y,labels=z.vec,...)	在(x,y)坐标点标出由 labels 设置的对应 z.vec 的数值型或文字型向量
abline(a,b)	在现有的图形上绘制一条截距为 a 和斜率为 b 的直线
abline(h=y)	绘制一条满足 $Y=y$ 且平行于 x 坐标轴的水平线
abline(v=x)	绘制一条满足 $X=x$ 且垂直于 x 坐标轴的垂直线
polygon(x,y,...)	绘制以(x,y)坐标点为顶点的多边形（Polygon），可以用 col=自变量指定一个特定颜色来填满多边形的内部
legend(x,y,leg.vec,...)	在现有图形的(x,y)坐标位置绘制图例（Legend），图例的说明文字由向量 leg.vec 表示
title(main,sub)	main="My Main Title"设置图形主标题，主标题文字放在图形上方；sub="My Subtitle"用于设置图形的次标题，次标题文字放在图形下方
mtext(text,side=3,line=1)	在现有图形的边缘加上文字

例如：

```
> x <- sin(1:20)
> plot(x, type="l", xlab="X",ylab="Y")
```

```
> title(main="Sin Plot",sub="图4-2:低级绘图函数图")
```

结果如图 4-2 所示。

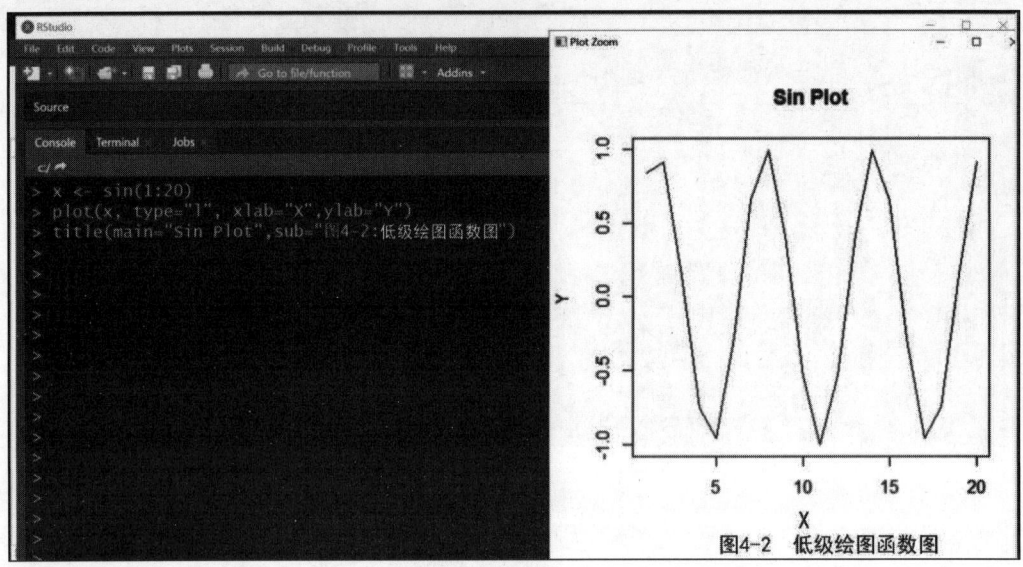

图 4-2   低级绘图函数图

4.3   交互式绘图函数

R 语言同时提供了允许我们直接用鼠标在一个图形上抽取（Extract）和增加（Add）信息的函数，其中常用的是 locator()函数和 identify()函数。

locator()函数允许我们通过鼠标左键点选当前图形上的特定位置：

```
locator(n,type)
```

参数说明如下：

- n: 指定要点选的几个坐标点，若不指定，则默认 n=512。
- type: 允许在被选中的点上画图，并且具有高级绘图函数相同的效果；默认情况下不能画图。locator()函数使用具有 x 和 y 形式的列表对象返回所选中点的位置信息。

例如：

```
> plot(2, 2)
> pts <- locator(n = 3)      # 可在图形中选择三个坐标点
> pts                        # 选择完成后的pts的值
$x
[1] 1.621502 1.840632 2.395573
```

```
$y
[1] 1.771951 2.347735 1.522875
```

identify()函数允许我们将定义的标签（Label）用鼠标左键放置在鼠标指针选择的位置。

```
identify(x,y,labels)
```

参数说明如下：

- x：表示 *x* 坐标轴的位置。
- y：表示 *y* 坐标轴的位置。

在设置 labels 时，默认值为显示点的索引。选择完成后，右击结束选择的操作；当使用自变量 labels="My Labels"时，可在鼠标左键点选处显示我们定义的标签 My Labels，并右击结束选择的操作。

例如：

```
> x <- c(1, 3, 5, 7, 8, 9, 3, 6, 7, 2)
> y <- c(5, 3, 5, 8, 2, 1, 4, 3, 4, 7)
> plot(x, y)
> sel <- identify(x, y) # 单击鼠标左键10次
```

identify()函数运行后的结果如图 4-3 所示。

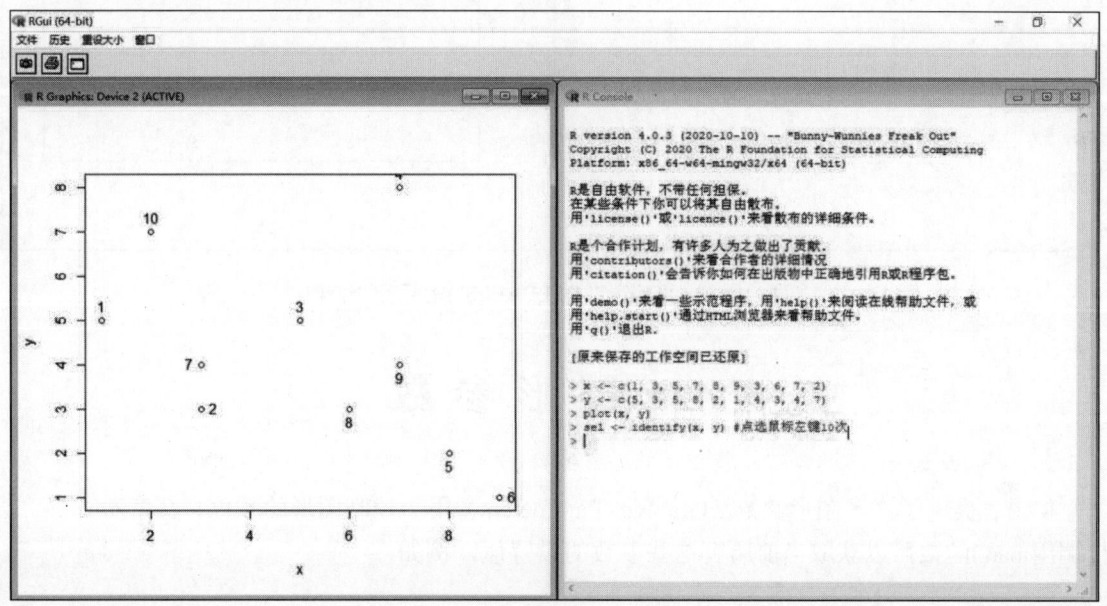

图 4-3　identify()函数运行后的结果

在选择的过程中，identify()函数会在选中的数据点旁边标记我们所定义的标签。这些标签位置的索引会在选择完成后返回给 sel 变量。最后，我们可以依靠 sel 变量获取选择的数据点：

```
> x <- c(1, 3, 5, 7, 8, 9, 3, 6, 7, 2)
```

```
> y <- c(5, 3, 5, 8, 2, 1, 4, 3, 4, 7)
> plot(x, y)
> sel <- identify(x, y,"MY LBAELS")      # 单击鼠标左键选择图中间的位置
                                         # 然后右击结束选择
> x.sel <- x[sel]
> y.sel <- y[sel]
> x.sel
[1] 5
> y.sel
[1] 5
```

identify(x,y,"MY LBAELS")运行后的结果如图 4-4 所示。

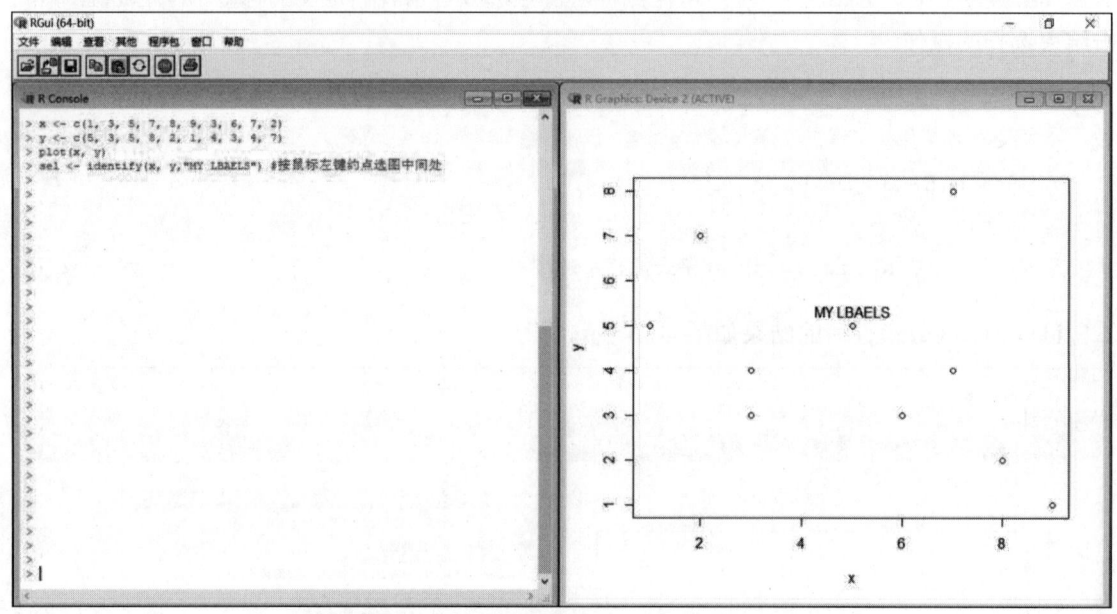

图 4-4　identify(x,y,"MY LBAELS")运行后的结果

4.4　图 形 参 数

R 语言提供了许多图形参数（Graphics Parameters）用于控制图形的颜色、文字对齐等。直接调用 par()函数可以获取当前所有这些参数的设置值，例如：

```
> par()
```

通过调用 par()函数，也可以更改或设置这些图形参数：

```
par(par.name=par.value)
```

参数说明如下：

- par.name: 表示图形参数名, 可用于 par()函数或某些 (高级或低级) 绘图函数中作为自变量。
- par.value: par.name 图形参数的设置值。

例如:

```
> x <- c(5, 3, 5, 8, 2, 1, 4, 3, 4, 7)
> par(col=4, lty=4)  # 设置参数
> plot(x, type="l", xlab="X",ylab="Y")
```

par()函数运行后的结果如图 4-5 所示。

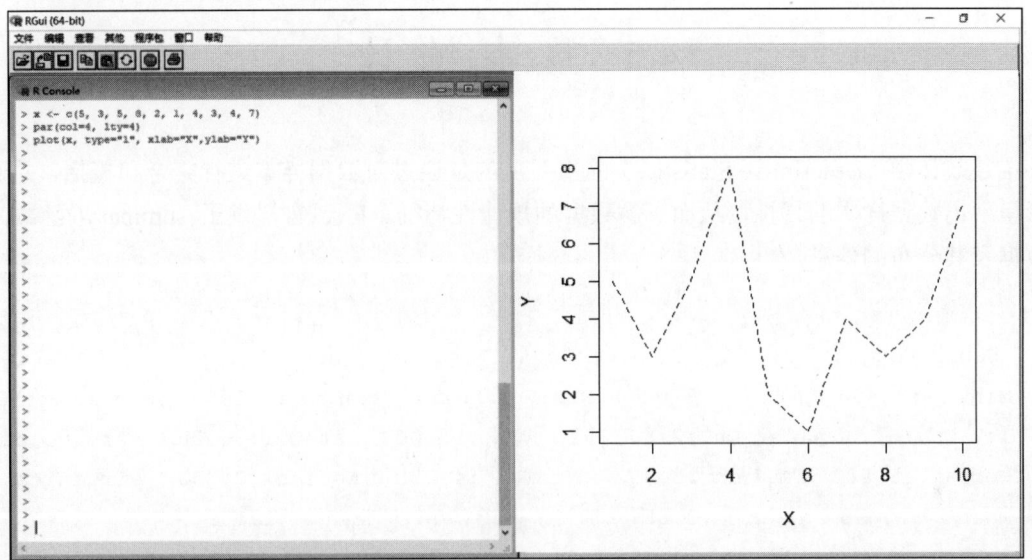

图 4-5 par()函数运行后的结果

我们可以调用 par(mar=c(bottom, left, top, right))来设置图形到底部、左边、上方及右边的边距, 单位为 cm (厘米); 也可以调用 par(mfrow = c(nr, nc))来显示 nr×nc 个子图。

例如:

```
par(mfrow=c(1,2))
par(mar=c(5, 4, 4, 2))
par(col=4, lty=1)

plot(x, type="l", xlab="X",ylab="Y")
barplot(x, xlab="X",ylab="Y")
```

调用 par()函数绘制 1×2 子图的结果如图 4-6 所示。

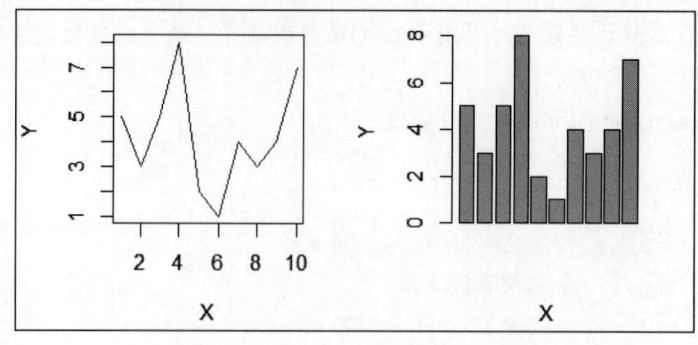

图 4-6   调用 par()函数绘制 1×2 子图

4.5　基本统计

描述统计学（Descriptive Statistics）的主要目的是通过对数据样本进行综合和概括，并通过图形呈现出数据样本的特性，从而了解数据的规律性特征。R 语言提供了 summary()函数来获取数据及其分布的信息。

```
> summary(iris)
  Sepal.Length    Sepal.Width     Petal.Length    Petal.Width          Species
 Min.   :4.300   Min.   :2.000   Min.   :1.000   Min.   :0.100   setosa    :50
 1st Qu.:5.100   1st Qu.:2.800   1st Qu.:1.600   1st Qu.:0.300   versicolor:50
 Median :5.800   Median :3.000   Median :4.350   Median :1.300   virginica :50
 Mean   :5.843   Mean   :3.057   Mean   :3.758   Mean   :1.199
 3rd Qu.:6.400   3rd Qu.:3.300   3rd Qu.:5.100   3rd Qu.:1.800
 Max.   :7.900   Max.   :4.400   Max.   :6.900   Max.   :2.500
```

常用的统计图为直方图和盒形图。直方图又称柱状图，是用来表现单变量数据的常见图表，可呈现数据的分布状况。

例如：

```
> y=c(170,170,171,172)
> hist(y,col='grey')  # 直方图
```

结果如图 4-7 所示。

盒形图又称箱形图或盒须图，可显示出数据的最大值、最小值、中位数、第一个四分位数及第三个四分位数。若将数据从小到大排列并分成四等分，则会有三个分割点。从最小的一侧算起，第一个分割点被称为第一个四分位数；第二个分割点被称为第二个四分位数（即中位数）；第三个分割点被称为第三个四分位数。

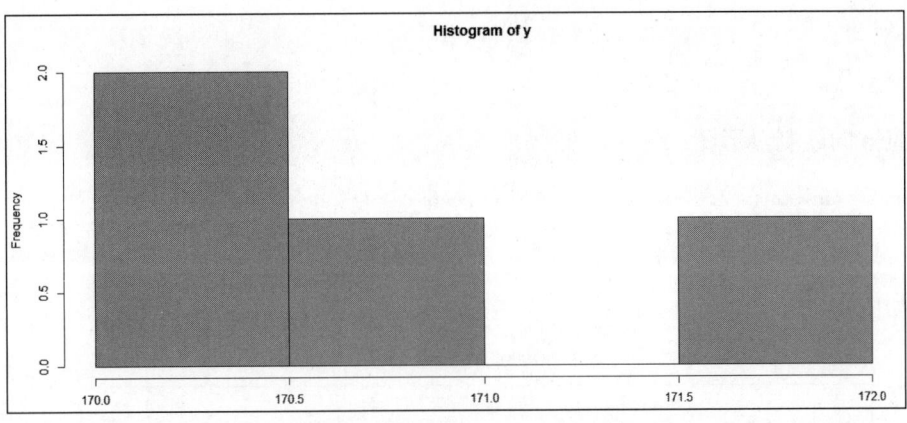

图4-7　直方图

例如:

```
> y1=c(165,166,167,167,175,176,177,178,179,180)
> median(y1,na.rm=TRUE)        # 中位数
[1] 175.5
```

参数说明如下:

- na.rm=TRUE: 表示若数据中存在 NA 值,则删除。

```
> max(y1)               # 最大值
[1] 180
```

```
> min(y1)               # 最小值
[1] 165
```

```
> max(y1)-min(y1)        # 全距
[1] 15
```

```
> range(y1)
[1] 165 180
```

```
> quantile(y1,0.25)        # 第一个四分位数
25%
167
```

```
> quantile(y1,0.75)        # 第三个四分位数
  75%
177.75
```

```
> IQR(y1)                          # 四分位数间距
[1] 10.75
```

在垂直方向绘制盒形图：

```
> boxplot(as.data.frame(y1), main = "boxplot(*, horizontal = FALSE)", horizontal
= FALSE)
```

结果如图 4-8 所示。

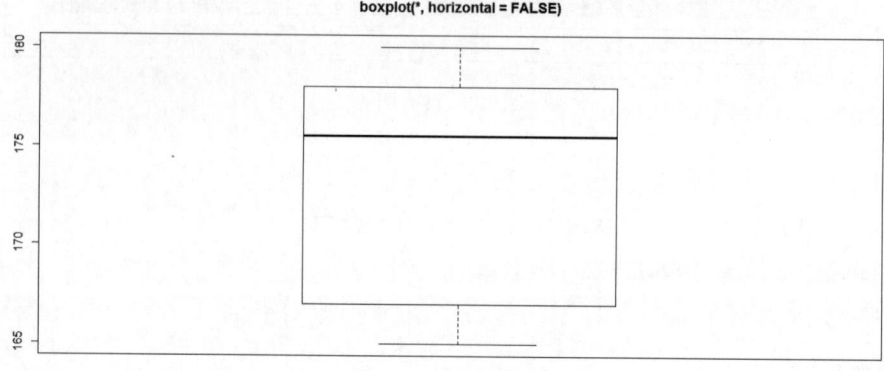

图 4-8   盒形图

常用的描述性统计函数包括均值（Mean，即算术平均值）、中位数（Median）、众数（Mode）、方差（Variance）、标准差（Standard Deviation，也称为标准偏差）及相关系数（Correlation）。
均值公式为：

$$\bar{x} = \frac{\sum_{i=1}^{N} x_i}{N} \tag{4-1}$$

中位数为数据经过排序后的中间值。若样本数为偶数，则取中间两个数的平均值。众数是指一组数据中出现次数最多的那个数。
方差公式为：

$$\text{Var}_x = \frac{\sum_{i=1}^{N} \left(x_i - \bar{x}\right)^2}{N - 1} \tag{4-2}$$

标准差公式为：

$$S_x = \sqrt{\text{Var}_x} \tag{4-3}$$

相关系数公式为：

$$r_{xy} = \frac{\sum_{i=1}^{N} \left(x_i - \bar{x}\right)\left(y_i - \bar{y}\right)}{\left(N - 1\right) S_x S_y} \tag{4-4}$$

例如：

```
> y1=c(165,166,167,167,175,176,177,178,179,180)
> median(y1,na.rm = TRUE)     # 中位数
[1] 175.5

> var(y1)                     # 方差
[1] 36

> sd(y1)                      # 标准差
[1] 6

> table(y1)                   # 出现次数
y1
165 166 167 175 176 177 178 179 180
  1   1   2   1   1   1   1   1   1

> which.max(table(y1))        # 众数及其排列位置
167
  3

> cor(y1,y1)                  # 相关系数
[1] 1

> cor(y1,-y1)
[1] -1
```

回归（Regression）分析是一种统计分析方法，目的在于了解两个或多个变量间的相关性，观察特定变量来预测我们感兴趣的变量，并建立因变量（即函数值）与自变量（或称解释变量）之间关系的数学模型。线性回归使用一个含有单一或多个自变量的回归公式来预测因变量，公式如下：

$$y = c_0 + c_1 x_1 + c_2 x_2 + \cdots + c_k x_k \tag{4-5}$$

在公式中，y 表示因变量，c_i 表示回归系数，x_i 表示自变量，c_0 表示截距。

例如：

```
> setwd("D:/")               # 设置工作目录
> A10 <- read.table(file="grade.csv",header=TRUE,sep=",",encoding="GBK")
> str(A10)
'data.frame':   10 obs. of  3 variables:
 $ 学生编号      : int  1 2 3 4 5 6 7 8 9 10
 $ 每周自修时数.X : num  10.5 9.2 11.6 6.3 8.2 12.1 15.2 8.5 7.5 10.2
 $ 考试成绩.Y    : int  91 86 89 81 84 92 96 83 77 87
```

```
> A10 <- as.matrix(A10)     # 将A10对象由数据框转换为矩阵并删除header
>  A10 <- matrix(A10, ncol = ncol(A10), dimnames = NULL)

> X=A10[,2]
> Y=A10[,3]
> Lm_model <- lm(Y ~ X)      # 运行回归
> Lm_model

Call:
lm(formula = Y ~ X)

Coefficients:
(Intercept)              X
     66.579          2.016
```

其回归公式表示为：

$$Y = 66.579 + 2.016X \qquad\qquad (4\text{-}6)$$

也可以调用 coef()函数来取得截距及回归系数：

例如：

```
> cf <- coef(lm(Y ~ X))       # 取得截距及回归系数
> cf
(Intercept)            X
 66.579002     2.016213
```

若要验证回归公式的输出值，可以自定义函数并调用 sapply()函数：

```
> lm_function <- function(x) {y <- cf[1]+cf[2]*x; return (y) }
> Y_output <- sapply(X,lm_function)
> Y_output
(Intercept) (Intercept) (Intercept) (Intercept) (Intercept) (Intercept)
(Intercept)
    87.74924    85.12816    89.96708    79.28115    83.11195    90.97518    97.22544
(Intercept) (Intercept) (Intercept)
    83.71682    81.70060    87.14438
```

可调用 abs()函数计算 Y-Y_output 的绝对值：

```
> abs(Y-Y_output)
(Intercept) (Intercept) (Intercept) (Intercept) (Intercept) (Intercept)
  3.2507584   0.8718357   0.9670761   1.7188541   0.8880489   1.0248172
(Intercept) (Intercept) (Intercept) (Intercept)
  1.2254439   0.7168150   4.7006018   0.1443776
```

最后，通过调用 par()函数设置绘图参数，并调用 plot()函数和 abline()函数绘制回归公式，调用 points()函数在图形上标出 Y_output：

```
> par(mfrow=c(1,1))
> par(mar=c(5,4,4,2))
> par(col="black")
> plot(X,Y)
> abline(lm(Y ~ X))
> par(col="blue")
> points(X,Y_output)
```

结果如图 4-9 所示。

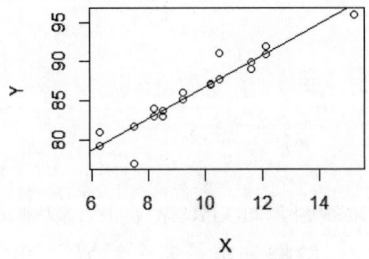

图 4-9　回归公式对应的图形

4.6　习　　题

bank.csv 数据集的分析目标是预测客户认购银行的定期存款产品的影响因素。数据集包含4521 个实例和 12 个属性。该数据文件是关于银行定期存款的预测情况，采用 Y（定期存款产品的订购）作为目标变量，采用 age（客户年龄）、job（工作类型）、martial（婚姻状况）、education（教育程度）、default（信用违约）、housing（住房贷款）、loan（个人贷款）、poutcome（营销活动）作为解释变量。任务要求：

（1）调用 summary()函数提供数值类型变量的最小值、最大值、四分位数和均值，以及因子向量和逻辑型向量的频数统计。

（2）订购银行定期存款的 age 变量的直方图（Histogram）分布。

（3）订购银行定期存款在 job、marital、education、default、housing、loan、poutcome 等变量的条形图（Bar Plot）分布。

## 第 5 章

数据分析和常用包

5

数据分析是一个跨领域的交叉学科，通过数据采集、数据清理、建立算法和可视化来发现知识，进而提出合理的预测和建议。数据分析是多个领域之间的协作行为，本章将介绍 R 语言在机器学习（Machine Learning）、数据挖掘（Data Mining）及文本挖掘（Text Mining）方面的常用包。

5.1　机器学习

机器学习是让计算机具有学习能力，从数据中自动学习规则，并利用规则对新的数据进行预测。其核心在于设计和分析能够自动学习的算法，使计算机能从过去的数据或经验中建立一个模型（Model）。学习（Learning）就是通过运行此模型，并利用训练数据集（Training Dataset）来建立模型。

常用的机器学习可以分为以下几种类别：

（1）监督式学习（Supervised Learning）：通过训练数据集学到或建立一个模型，并依据该模型预测新的案例。训练数据由输入数据和预期输出组成。分类（Classification）是常见的监督式学习算法。在机器学习中，可结合多个分类模型以提高分类性能，这种方法称为集成学习方法（Ensemble Methods，或称为组合学习方法）。

（2）非监督式学习（Unsupervised Learning）：与监督式学习不同，训练数据中没有预期输出。聚类（Clustering）是常见的非监督式学习算法。

（3）演化式学习（Evolutionary Learning）：基于模仿生物演化和行为而发展出来的学习算法。遗传算法（Genetic Algorithm，GA）是典型的演化式学习算法。

（4）混合式学习（Hybrid Learning）：结合多种学习法的优点，提升学习的性能（Performance）

或效率（Efficiency）。

5.2　数据挖掘

Fayyad 数据挖掘模型（Fayyad-Kohavi 模型）曾将数据库知识发现（Knowledge Discovery in Database，KDD）过程定义为："从数据中建立有效的、新颖的、潜在有用的以及易于理解的模型的过程，且此过程不是显而易见的"。数据挖掘是整个知识发现过程中的核心步骤，Berry & Linoff（1997）将其定义为："为了发现有意义的模型或规则，必须从大量数据中以自动或半自动的方式来探索和分析数据"。

常用的数据挖掘方法可以分为以下几种类别：

（1）分类：将数据中各属性（Attribute）分门别类地加以定义，通过训练大量数据后得到的规则来建立类别（Class）模型。

（2）聚类：按定义的相似程度将数据分为不同的簇（Cluster）。其中，相似程度可以利用不同的距离或相似度（Similarity）来定义。聚类与分类最大的不同在于，聚类并没有预先定义好类别，而聚类得到的簇的意义要靠分析者事后的阐释才能确定。

（3）关联规则（Association Rule）：其目的是找出数据间可能相关的项目，通过数据寻找同时发生的事件（Event）或记录（Record），从而推导出其间的关联规则。

R 语言提供了许多与机器学习及数据挖掘有关的包。常用于分类的监督式学习算法包含决策树（Decision Tree）、支持向量机（Support Vector Machine）、人工神经网络（Artificial Neural Network，ANN）及集成学习方法（Ensemble Method），对应的包为 rpart、C50、e1071、neuralnet、randomForest 和 adabag。常用于聚类的非监督式学习算法包含 K 均值聚类算法（K-Means）和模糊 C 均值聚类算法（Fuzzy C Means），对应的包为 e1071。演化式学习有许多不同的算法，其中包含遗传算法和人工蜂群（Artificial Bee Colony）算法，对应的包为 GA 和 ABCoptim。关联规则分析对应的包为 arules。

5.3　文本挖掘

文本挖掘的特点在于它的原始输入数据通常为没有特定结构的纯文本，这些文本的内容是由人类用自然语言所写成的，因此无法直接使用数据挖掘算法来探索和分析数据。R 语言提供的文本挖掘包有 gutenbergr 和 jiebaR。

5.4　常用包

常用的包有 rpart、C50、e1071、neuralnet、randomForest、adabag、GA、ABCoptim、arules、

Rfacebook、wordcloud、jiebaR、gutenbergr、rmr2、spark.kmeans、spark.mlp 及 spark.randomForest。

rpart 包是由 Breiman、Friedman、Olshen 和 Stone 等人在其著作 *Classification and Regression Trees*（1984）中提出的重要方法。rpart 包中的 rpart()函数的基本语法及其关键参数如下：

```
rpart(formula, data, weights, subset, na.action=na.rpart, method, parms,
control,...)
```

参数说明如下：

- formula：模型的公式，例如 $Y{\sim}X_1+X_2+\cdots+X_K$。
- data：建立模型所用的数据。
- weights：数据的权重，为非必要的参数（自变量）。
- subset：只使用部分数据（子集），为非必要的参数。
- na.action：缺失值的处理方式，默认会删除。
- method：使用的方法，例如 anova、poisson、class 及 exp。
- parms：根据不同的方法提供不同的参数，若为 anova 方法，则不需要设置此参数。
- control：控制此算法的参数，可在 rpart.control 中设置。

rpart.control()函数的基本语法及其关键参数如下：

```
rpart.control(minsplit=20, minbucket=round(minsplit/3), cp =0,
maxdepth=30,...)
```

参数说明如下：

- minsplit：建立新节点（Node）时最少需要的数据量。
- minbucket：建立叶节点（Leaf Node）时最少需要的数据量。
- cp：决定计算复杂度（Complexity）的参数，用于修剪树的分支。
- maxdepth：树的最大深度。

rpart()函数建立模型后，可调用 predict()函数来预测此模型的结果。predict()函数的基本语法及其关键参数如下：

```
predict(object, newdata, type, na.action,...)
```

参数说明如下：

- object：用于预测的模型。
- newdata：测试数据集。
- type：使用的学习方法，例如 type="class"表示使用分类。
- na.action：缺失值的处理方式，默认不会删除（与 rpart()函数的处理方式不同）。

C50 包实现了 Quinlan 提出的 C5.0 决策树算法。C5.0()函数的基本语法及其关键参数如下：

```
C5.0(x, y, trials=1, rules=FALSE, weights=NULL, control= C5.0Control(),...)
```

参数说明如下：

- x：输入属性或参数（自变量）。
- y：输出属性或因变量（即解释变量）。
- trials：boosting 的迭代（Iteration）次数，trials=1 表示只使用一种模型。
- rules：是否输出为规则，而非树状结构。
- weights：数据的权重。
- control：控制此算法的参数，可在 C5.0Control()中设置。

C5.0Control()函数的基本语法及其关键参数如下：

```
C5.0Control(subset=TRUE,winnow=FALSE,noGlobalPruning=FALSE,CF,minCases,sample,seed,label="outcome")
```

参数说明如下：

- subset：是否使用部分数据（子集）。
- winnow：是否使用属性筛选。
- noGlobalPruning：是否执行决策树修剪。
- CF：为信赖水平，其值介于（0,1）。
- minCases：建立一个节点时最少需要的数据量（案例）。
- sample：用于训练数据的比例，其值介于（0,0.999）。
- seed：随机数。
- label：输出属性的标签。

C5.0()函数建立模型后，可调用 predict()函数来预测此模型的结果。predict()函数的基本语法及其关键参数如下：

```
predict(object, newdata, trials, type, na.action,...)
```

参数说明如下：

- object：用于做预测的模型。
- newdata：测试数据集。
- trials：作为预测时 boosting 迭代的次数。
- type：使用 class 或 prob，例如 type="class"表示使用分类。
- na.action：缺失值的处理方式。

e1071 包中包含支持向量机学习法。e1071 包中的 svm()函数的基本语法及其关键参数如下：

```
svm(formula, data, type, kernel, gamma, cost, subset, na.action, scale=TRUE,...)
```

参数说明如下：

- formula：模型的公式，例如 $Y \sim X_1 + X_2 + \cdots + X_K$。

- data: 建立模型用的数据。
- type: 使用的学习方法,包含 C-classification nu-classification、one-classification、eps-regression、nu-regression。
- kernel: 核（Kernel）函数，包含 linear、polynomial、radial base 及 sigmoid 函数。
- gamma: 除了核函数为 linear 外，所有核函数使用的 γ 值。
- cost: C 的值。
- cross: 若 $K>0$，则使用 K-fold 交叉验证。
- subset: 使用部分数据（子集）。
- na.action: 缺失值的处理方式。
- scale: 属性数据是否要正规化。

svm()函数建立模型后，可调用 predict()函数来预测此模型的结果。predict()函数的基本语法及其关键参数如下：

```
predict.svm(object, newdata, na.action,...)
```

参数说明如下：

- object: 用于做预测的模型。
- newdata: 测试数据集。
- na.action: 缺失值的处理方式。

e1071 包提供了 tune.svm()函数，用于搜索最佳 gamma(γ)值和 cost(C)值。tune.svm()函数的基本语法及其关键参数如下：

```
tune.svm(formula, data, gamma, cost,...)
```

参数说明如下：

- formula: 模型的公式。
- data: 建立模型用的数据。
- gamma: 指定搜索 γ 值的范围。
- cost: 指定搜索 C 值的范围。

e1071 包提供了运行模糊 C 均值聚类算法的 cmeans()函数。cmeans()函数的基本语法及其关键参数如下：

```
cmeans(x, centers, iter.max, verbose, dist, method, m=2,...)
```

参数说明如下：

- x: 为聚类的数据。
- centers: 聚类的簇数（Cluster Number）。
- iter.max: 最大的迭代次数。

- verbose: 设为 TRUE 时，可显示运行过程的信息。
- dist: 计算距离的公式，例如 euclidean 和 manhattan。
- method: 使用的学习方法，例如 cmeans。
- m: 模糊 C 均值聚类算法的参数值。

neuralnet 包提供了人工神经网络学习法。neuralnet()函数的基本语法及其关键参数如下：

```
neuralnet(formula, data, hidden, threshold, stepmax, rep, startweights,
learningrate.limit, learningrate, algorithm,...)
```

参数说明如下：

- formula: 模型的公式。
- data: 建立模型用的数据。
- hidden: 隐藏层神经元（Neuron）的数量（此函数只提供一层隐藏层）。
- threshold: 阈值。
- stepmax: 训练时的最大迭代次数。
- rep: 训练次数。
- startweights: 初始权重值。
- learningrate.limit: 学习率（Learning Rate）的最大值、最小值。
- learningrate: 当使用反向传播算法（Backpropogation，简称 BP 算法）时的学习率。
- algorithm: 使用的算法，例如 backprop、rprop+、rprop-、sag 或 slr。

neuralnet 包提供了 compute()函数来预测此模型的结果。compute()函数的基本语法及其关键参数如下：

```
compute(x, covariate, rep)
```

参数说明如下：

- x: 用于做预测的模型。
- covariate: 测试数据集。
- rep: 预测次数。

randomForest 包提供了集成学习方法的随机森林（Random Forest）学习法。randomForest()函数的基本语法及其关键参数如下：

```
randomForest(formula, data, ntree, na.action,...)
```

参数说明如下：

- formula: 模型的公式。
- data: 建立模型用的数据。
- ntree: 决策树的数量。

- na.action：数据中有缺失值时所调用的函数。

randomFores 包提供了 predict()函数来预测模型的结果。predict()函数的基本语法及其关键参数如下：

```
predict(object, newdata,...)
```

参数说明如下：

- object：用来做预测的模型。
- newdata：测试数据集。

adabag 包提供了集成学习方法的提升法（Boosting）。boosting()函数的基本语法及其关键参数如下：

```
boosting(formula, data, boos = TRUE, mfinal = 100,...)
```

参数说明如下：

- formula：模型的公式。
- data：建立模型用的数据。
- boos：若设为 TRUE（默认值），则每次迭代计算时使用新的训练集的观察值重新计算权重；若设为 FALSE，则使用相同的权重。
- mfinal：迭代次数，默认值为 mfinal=100（整数）。

adabag 包提供了 predict()函数来预测此模型的结果。predict()函数的基本语法及其关键参数如下：

```
predict(object, newdata, newmfinal,...)
```

参数说明如下：

- object：用于做预测的模型。
- newdata：测试数据集。
- newmfinal：预测时的迭代次数。

NbClust 包提供了 NbClust()函数来获得聚类指标（Clustering Index），借以评估聚类的效果。NbClust()函数的基本语法及其关键参数如下：

```
NbClust (data, distance = "euclidean",min.nc=2, max.nc=15, method = "kmeans",
index = "all",...)
```

参数说明如下：

- data：用于聚类的数据。
- distance：计算距离的公式，例如 euclidean 和 manhattan。
- min.nc：设置最小的簇数量。

- max.nc：设置最大的簇数量。
- method：使用何种学习方法（聚类方法），例如 kmeans。
- index：聚类评估指标，例如 kl、ch、hartigan、ccc、scott、marriot、trcovw、tracew、friedman、rubin、cindex、db、silhouette、duda、pseudot2、beale、ratkowsky、ball、ptbiserial、gap、frey、mcclain、gamma、gplus、tau、dunn、hubert、sdindex、dindex、sdbw，若为 all，则使用除了 gap、gamma、gplus 及 tau 之外的所有聚类指标。

GA 包提供了 ga()函数运行遗传算法。ga()函数的基本语法及其关键参数如下：

```
ga(type, fitness, min, max, nBits, population, selection, crossover, mutation,
popSize, pcrossover, pmutation, elitism, monitor, maxiter, run, maxfitness,...)
```

参数说明如下：

- type：遗传算法的类型，例如 binary、real-valued 及 permutation。
- fitness：适应性函数（Fitness Function）值。
- min：搜索空间（Search Space）的最小值。
- max：搜索空间（Search Space）的最大值。
- nBits：type="binary"时的位数。
- population：随机产生的初始种群（Population）。
- selection：遗传算法的选择（Selection）机制。
- crossover：遗传算法的交叉（Crossover）机制。
- mutation：遗传算法的突变（Mutation）机制。
- popSize：种群规模（Size）。
- pcrossover：产生交叉的概率。
- pmutation：发生突变的概率。
- elitism：一定数目的百分比的个体（Individual）会保留至下一代（Generation）。
- monitor：显示运行的过程。
- maxiter：最大迭代次数。
- run：若连续几代皆无法改善最佳值，则停止运行遗传算法。
- maxfitness：运行遗传算法后找到的最大适应函数值。

ABCoptim 包提供了 abc_optim()函数运行人工蜂群算法。abc_optim()函数的基本语法及其关键参数如下：

```
abc_optim(par, fn, D, NP, FoodNumber,lb=-Inf, ub=+Inf, maxCycle=1000,
criter=50,...)
```

参数说明如下：

- par：解的初始值。
- fn：求最小值的目标函数。

- D: 解的参数（Parameter）数量。
- NP: 人工蜂群的蜜蜂数量。
- FoodNumber: 蜜蜂欲搜索的食物数量。
- lb: 搜索空间的下界（Lower Bound）。
- ub: 搜索空间的上界（Upper Bound）。
- maxCycle: 为最大迭代次数。
- criter: 结束条件。

arules 包提供了 apriori()函数运行关联分析算法。apriori()函数的基本语法及其关键参数如下：

```
apriori(data, parameter = NULL, appearance = NULL, control = NULL)
```

参数说明如下：

- data: 可以强制转换为事务历史记录的对象。
- parameter: 参数，默认参数值为支持度（Support）=0.1、置信度（Confidence）=0.8，最多规则数量=10。
- appearance: 使用此参数可以限制显示项目。默认情况下，所有项目都可以显示不受限制。
- control: 控制此算法的参数。

使用 wordcloud 包可生成词云。wordcloud()函数的基本语法及其关键参数如下：

```
wordcloud(words,freq,min.freq=2,max.words=Inf,random.order=TRUE,...)
```

参数说明如下：

- words: 表示显示的词。
- freq: 表示显示的词出现的频率。
- min.freq: 表示显示的词出现的最小频率。
- max.words: 表示显示的词出现的最大频率。
- random.order: 如果设置为 TRUE，则显示词的顺序会随机出现；如果设置为 FALSE，则显示的词会按频率递减出现。

Project Gutenberg（PG）是一个将公版著作（Public Domain）数字化并制作成电子书的网站，提供网络（https://www.gutenberg.org/）上供用户自由取用。用户可调用 gutenbergr 包中的 gutenberg_download()函数下载 Project Gutenberg 中数字化的文化作品或电子书：

```
gutenberg_download(gutenberg_id, strip,...)
```

参数说明如下：

- gutenberg_id: 要下载的 Project Gutenberg ID，可以是向量或数据框对象。
- strip: 设置为 TRUE 时，删除图书的 Header 和 Footer 内容。

在进行文本挖掘时，中文与英文的处理方式有很大不同。英文留有空格作为词与词的自然分词工具，而中文的词与词则是连接在一起的。因此，在进行中文文本挖掘前，必须对文章或句子进行分词处理，即将连接在一起的词与词分开，便于后续的分析。可调用 jiebaR 包中的 worker()函数来初始化分词类型，再调用 segment()函数进行分词。worker()函数的基本语法及其关键参数如下：

```
worker(type,dict,...)
```

参数说明如下：

- type：分词类型，常见类型包括 mix（混合）、mp（最大概率）、hmm、query（索引）、tag（标记）、simhash 和 keywords（关键词）。默认类型为混合模式。
- dict：主要词典（Main Dictionary）的路径。

segment()函数的基本语法及其重要参数如下：

```
segment(code, jiebar,...)
```

参数说明如下：

- code：待处理的中文文章或句子。
- jiebar：使用的 jiebaR 分词器对象。

## 第 6 章

监督式学习

6

本章介绍了常用的监督式学习算法及其应用，包括决策树、支持向量机、人工神经网络和集成学习方法。

6.1 决 策 树

在机器学习的分类方法中，决策树是最具代表性的一种。它不仅具有较高的预测准确率（Predict Accuracy），而且具有很好的可解读性（Interpretability），因此在各个领域中得到了广泛使用。决策树在建立过程中会构建一个树结构，该结构由根节点（Root Node）、内部节点（Internal Node）和叶节点（Leaf Node，或称为类别（Class））组成。决策树停止往下生长的条件有两种：一是数据中的每一个样本已经归类到相应类别下；二是该类数据中已经没有办法再找到新的属性来进行节点分割，或该类数据中已经没有任何尚未处理的数据。在决策树的构建过程中，测试新数据时会从决策树根节点开始，根据每个内部节点的划分属性值逐步向下移动，依此递归方式进行，直至到达叶节点，此叶节点即为预测的类别。通过从根节点自上而下经由内部节点直至叶节点的路径，可以形成一个预测分类结果的规则。决策树的树结构示意图如图 6-1 所示。

当原始训练数据的属性过多，或由于决策树算法在属性选择上存在偏好时，容易因为过度学习而出现过拟合（Over-fitting）问题，使得生成的树结构过于复杂。因此，必须对决策树进行适当的剪枝。剪枝的方式可分为前剪枝（Pre-Pruning）和后剪枝（Post-Pruning）。前剪枝通过统计方法评估是应该继续分割某内部节点，还是应该立刻停止分割；而后剪枝则允许决策树在过拟合的情况下存在，并在决策树构建完成后再进行剪枝。

目前常见的决策树算法包括分类与回归树（Classification and Regression Trees，CART）、

ID3（Inductive Dichotomiser 3）及 C5.0 等。

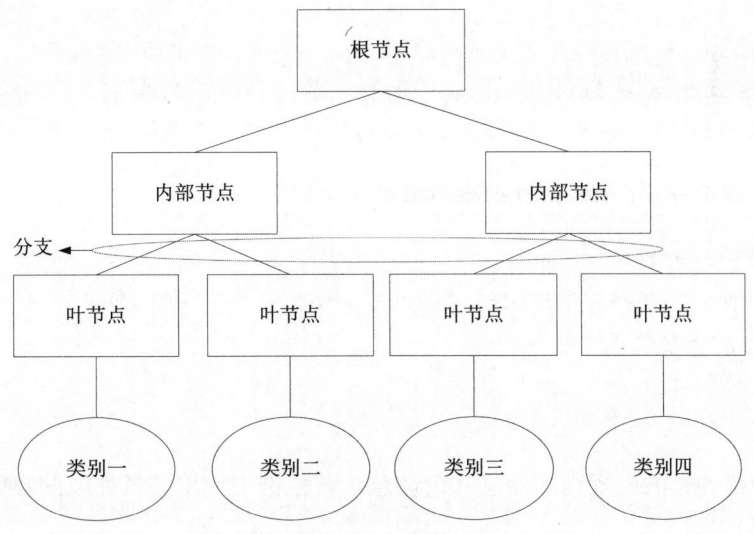

图 6-1　决策树的树结构图

分类与回归树（CART）是由 Breiman 等学者开发的算法，其主要运算方式是使用二分法（Binary）。在 CART 算法中，选择基尼指数（Gini Index）最小的属性作为根节点，生成二叉树。在分类与回归树构建过程中，会不断分割出两个内部节点，并且这一过程会持续进行。每个生成的内部节点都会继续分割出两个内部节点，该算法的剪枝依据是所有叶节点（类别）错误率的加权总和。

对于数据集 D，如果根据属性 A 被分割为 A_1 和 A_2 两部分，则数据集 D 的基尼指数为：

$$\text{Gini Index}(D,A) = \frac{D_1}{D}\text{gini}(D_1) + \frac{D_2}{D}\text{gini}(D_2)$$

其中，公式中 $\text{Gini}(D_1) = 1 - \sum_{i=1}^{n} P_i^2 P_i$ 表示类别 i 在 D_1 数据集中出现的概率。在 R 语言中，可调用 rpart 包中的 rpart() 函数来运行分类与回归树。范例程序 6-1 中展示了如何调用 rpart() 函数对鸢尾花（Iris）数据集进行分类。鸢尾花数据集中的数据包含 5 个属性，其中前 4 个属性为自变量，分别是花萼长度（Sepal.Length）、花萼宽度（Sepal.Width）、花瓣长度（Petal.Length）和花瓣宽度（Petal.Width）。第 5 个属性 Species 为因变量（目标属性），代表鸢尾花的 3 个品种：Setosa、Virginica 及 Versicolor。

[范例程序 6-1]

首先引用 rpart 包和 iris 数据。

```
> library(rpart)
> data(iris)
```

调用 sample() 函数随机抽取 10% 的观察值（数据笔数）作为测试数据：

```
> np = ceiling(0.1*nrow(iris))  # nrow(iris)返回iris数据的笔数
```

```
> np                           # ceiling()返回向上舍入的整数
[1] 15
> test.index = sample(1:nrow(iris),np)      # 10%作为测试数据
> iris.testdata = iris[test.index,]         # 测试数据
> iris.traindata = iris[-test.index,]       # 训练数据
```

接下来，调用 rpart()函数建立训练数据的决策树 iris.tree：

```
# 输出变量为Species
> iris.tree = rpart(Species ~ Sepal.Length + Sepal.Width +Petal.Length +
Petal.Width, method="class", data=iris.traindata )
> iris.tree
n= 135
```

显示决策树 iris.tree 规则的信息（请注意，若范例中使用随机抽取的数据，则它的运行结果可能会不同）：

```
>iris.tree

node), split, n, loss, yval, (yprob)
    * denotes terminal node


# 4条规则
1) root 135 88 virginica (0.3259259 0.3259259 0.3481481)
  2) Petal.Length< 2.45 44  0 setosa (1.0000000 0.0000000 0.0000000) *
  3) Petal.Length>=2.45 91 44 virginica (0.0000000 0.4835165 0.5164835)
    4) Petal.Width< 1.75 49  5 versicolor (0.0000000 0.8979592 0.1020408) *
    5) Petal.Width>=1.75 42  0 virginica (0.0000000 0.0000000 1.0000000) *
```

显示决策树 iris.tree 的 cp 值、错误率及各节点的详细信息：

```
> summary(iris.tree)
Call:
rpart(formula = Species ~ Sepal.Length + Sepal.Width + Petal.Length +
    Petal.Width, data = iris.traindata, method = "class")
  n= 135


      CP nsplit  rel error    xerror       xstd
1 0.5056180      0 1.00000000 1.1910112 0.05361608
2 0.4382022      1 0.49438202 0.6629213 0.06475539
3 0.0100000      2 0.05617978 0.1235955 0.03571497


Variable importance
```

```
Petal.Width Petal.Length Sepal.Length  Sepal.Width
        34            31           21            14


Node number 1: 135 observations,    complexity param=0.505618
  predicted class=setosa       expected loss=0.6592593  P(node) =1
    class counts:    46    45    44
   probabilities: 0.341 0.333 0.326
  left son=2 (46 obs) right son=3 (89 obs)
  Primary splits:
      Petal.Length < 2.45 to the left,  improve=45.49080, (0 missing)
      Petal.Width  < 0.8  to the left,  improve=45.49080, (0 missing)
      Sepal.Length < 5.45 to the left,  improve=31.08528, (0 missing)
      Sepal.Width  < 3.05 to the right, improve=17.89879, (0 missing)
  Surrogate splits:
      Petal.Width  < 0.8  to the left,  agree=1.000, adj=1.000, (0 split)
      Sepal.Length < 5.45 to the left,  agree=0.919, adj=0.761, (0 split)
      Sepal.Width  < 3.35 to the right, agree=0.830, adj=0.500, (0 split)


Node number 2: 46 observations
  predicted class=setosa       expected loss=0  P(node) =0.3407407
    class counts:    46     0     0
   probabilities: 1.000 0.000 0.000


Node number 3: 89 observations,    complexity param=0.4382022
  predicted class=versicolor  expected loss=0.494382  P(node) =0.6592593
    class counts:     0    45    44
   probabilities: 0.000 0.506 0.494
  left son=6 (48 obs) right son=7 (41 obs)
  Primary splits:
      Petal.Width  < 1.75 to the left,  improve=35.209830, (0 missing)
      Petal.Length < 4.75 to the left,  improve=33.934380, (0 missing)
      Sepal.Length < 6.15 to the left,  improve=10.447780, (0 missing)
      Sepal.Width  < 2.95 to the left,  improve= 3.518872, (0 missing)
  Surrogate splits:
      Petal.Length < 4.75 to the left,  agree=0.899, adj=0.780, (0 split)
      Sepal.Length < 6.15 to the left,  agree=0.730, adj=0.415, (0 split)
      Sepal.Width  < 2.95 to the left,  agree=0.674, adj=0.293, (0 split)


Node number 6: 48 observations
  predicted class=versicolor  expected loss=0.08333333  P(node) =0.3555556
    class counts:     0    44     4
```

```
   probabilities: 0.000 0.917 0.083


Node number 7: 41 observations
  predicted class=virginica    expected loss=0.02439024  P(node) =0.3037037
    class counts:     0     1     40
  probabilities: 0.000 0.024 0.976
```

画出决策树并标注文字：

```
> plot(iris.tree) ; text(iris.tree)
```

最终生成的鸢尾花决策树（iris）结构如图 6-2 所示。

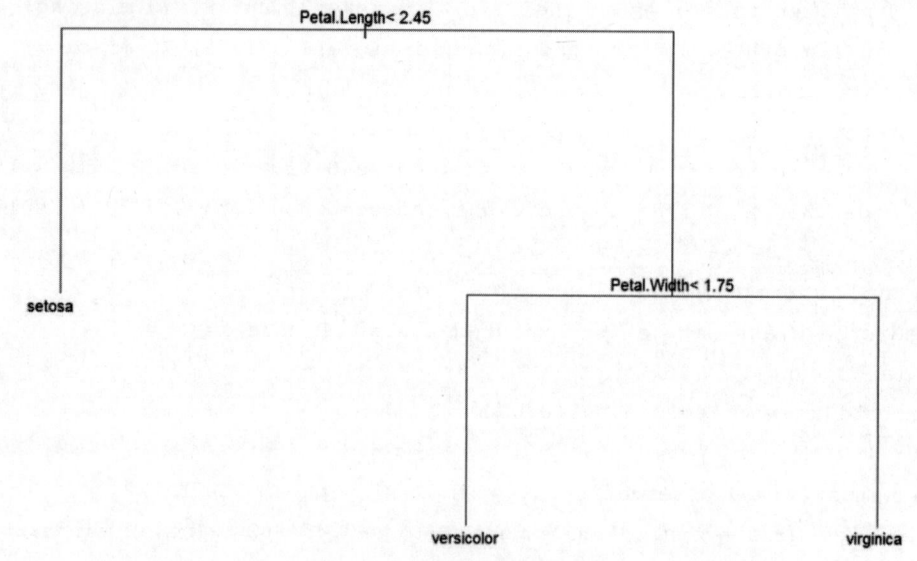

图 6-2 鸢尾花决策树结构图

显示训练数据的准确率：

```
# species.traindata是训练数据的真实输出变量
> species.traindata = iris$Species[-test.index]
# train.predict是训练数据的输出预测值
> train.predict=factor(predict(iris.tree, iris.traindata,
+ type='class'), levels=levels(species.traindata))


# 生成训练数据的混淆矩阵
> table.traindata =table(species.traindata,train.predict)
> table.traindata
               train.predict
species.traindata setosa versicolor virginica
     setosa          47        0         0
```

```
     versicolor        0        42        1
     virginica         0         5        40
```

由上述代码可知：47 笔 setosa 被正确分类，1 笔 versicolor 错分至 virginica，5 笔 virginica 错分至 versicolor，因此训练数据的准确率为(47+42+40)/ 135×100% = 95.55556%。

```
> correct.traindata=sum(diag(table.traindata))/sum(table.traindata)*100
                    # diag()返回矩阵对角线元素的值，sum()返回加总值
> correct.traindata
[1] 95.55556        # 训练数据的准确率为95.55556%
```

显示测试数据的准确率：

```
# species.testdata是测试数据的真实输出变量
> species.testdata = iris$Species[test.index]
# test.predict是测试数据的输出预测值
> test.predict=factor(predict(iris.tree, iris.testdata,
+ type='class'), levels=levels(species.testdata))


# 生成测试数据的混淆矩阵
> table.testdata  = table(species.testdata,test.predict)
> table.testdata
                 test.predict
species.testdata setosa versicolor virginica
     setosa         7         0         0
     versicolor     0         3         0
     virginica      0         1         4
>
```

由上述代码可知：测试数据共有 15 笔数据（观察值），其中 setosa 和 versicolor 都被正确分类，有 1 笔 virginica 错分至 versicolor，因此测试数据的准确率为(7+3+4)/15×100% = 93.33333%。

```
> correct.testdata=sum(diag(table.testdata))/sum(table.testdata)*100
# diag()返回矩阵对角线元素的值，sum()返回加总值
> correct.testdata
[1] 93.33333        # 测试数据的准确率为93.33333%
```

[范例程序 6-2]

可以通过设置 rpart.control()函数的参数来改善决策树的分类结果，例如 rpart.control（minsplit=5, cp=0.0001, maxdepth=30）。

```
> library(rpart)
```

```
> data(iris)
>
> np = ceiling(0.1*nrow(iris))                  # 10%作为测试数据
> np
[1] 15
>
> test.index = sample(1:nrow(iris),np)
>
> iris.testdata = iris[test.index,]          # 测试数据
> iris.traindata = iris[-test.index,]        # 训练数据
>
> iris.tree = rpart(Species ~ Sepal.Length + Sepal.Width +Petal.Length +
Petal.Width, method="class",  data=iris.traindata,
+ control=rpart.control(minsplit=5, cp=0.0001, maxdepth=30) )
>
> species.traindata = iris$Species[-test.index]
> train.predict=factor(predict(iris.tree, iris.traindata,
+ type='class'), levels=levels(species.traindata))

# 生成训练数据的混淆矩阵
> table.traindata =table(species.traindata,train.predict)
> table.traindata
                  train.predict
species.traindata setosa versicolor virginica
      setosa          47         0          0
      versicolor       0        44          1
      virginica        0         2         41
> correct.traindata=sum(diag(table.traindata))/sum(table.traindata)*100
> correct.traindata
[1] 97.77778                    # 训练数据的准确率为97.77778%
>
> species.testdata = iris$Species[test.index]
> test.predict=factor(predict(iris.tree, iris.testdata,
+ type='class'), levels=levels(species.testdata))
# 生成测试数据的混淆矩阵
> table.testdata  =table(species.testdata,test.predict)
> table.testdata
                 test.predict
species.testdata setosa versicolor virginica
      setosa          3         0          0
      versicolor      0         5          0
```

```
      virginica          0        0        7
> correct.testdata=sum(diag(table.testdata))/sum(table.testdata)*100
> correct.testdata
[1] 100                        # 测试数据的准确率为100%
>
> iris.tree
n= 135

node), split, n, loss, yval, (yprob)
    * denotes terminal node

# 产出5条规则
 1) root 135 88 setosa (0.34814815 0.33333333 0.31851852)
   2) Petal.Length< 2.45 47  0 setosa (1.00000000 0.00000000 0.00000000) *
   3) Petal.Length>=2.45 88 43 versicolor (0.00000000 0.51136364 0.48863636)
     6) Petal.Width< 1.75 49  5 versicolor (0.00000000 0.89795918 0.10204082)
      12) Petal.Length< 4.95 43  1 versicolor (0.00000000 0.97674419 0.02325581)*
      13) Petal.Length>=4.95 6  2 virginica (0.00000000 0.33333333 0.66666667)
        26) Petal.Width>=1.55 3  1 versicolor (0.00000000 0.66666667 0.33333333) *
        27) Petal.Width< 1.55 3  0 virginica (0.00000000 0.00000000 1.00000000) *
     7) Petal.Width>=1.75 39  1 virginica (0.00000000 0.02564103 0.97435897) *
```

ID3 算法使用信息增益（Information Gain）作为属性选择的指标（Selection Measure），而 C5.0 是 Quinlan 学者在 ID3 算法的基础上改进后的算法。与 ID3 类似，C5.0 也选择信息增益最大的属性作为分割属性。两者之间的主要差异在于，ID3 偏向选择属性值较多的属性，而 C5.0 则使用增益比例（Gain Ratio）作为属性选择的指标。信息增益的计算方式如下：

$$\text{Info}(S) = -\sum_{i=1}^{k}\left\{\left[\text{freq}(C_i, S/|S|)\right]\log_2\left[\text{freq}(C_i, S/|S|)\right]\right\} \qquad (6\text{-}1)$$

$$\text{Info}_x(S) = -\sum_{i=1}^{L}\left[(|S_i|/|S|)\text{Info}(S_i)\right] \qquad (6\text{-}2)$$

$$\text{Gain}(X) = \text{Info}(S) - \text{Info}_x(S) \qquad (6\text{-}3)$$

$$\text{SplitInfo}(X) = -\sum_{i=1}^{L}\left[\frac{|S_i|}{|S|}\log_2\frac{|S_i|}{|S|}\right] \qquad (6\text{-}4)$$

$$\text{GainRatio}(X) = \text{Gain}(X)/\text{SplitInfo}(X) \qquad (6\text{-}5)$$

在公式（6-1）中，$|S|$ 表示训练数据中各类别的总个数；C 为目标属性中所包含的类别，S_i

为类别 i 下包含的数据笔数；在公式（6-2）中，$|S|$ 表示在选定属性下训练数据中各类别的总个数，L 为输入的属性数量，$Info_x(S)$ 代表在某一条件下选择一个候选属性的熵值（Entropy）；在公式（6-3）中，$Gain(X)$ 代表信息增益，$Info(S)$ 为未增加某一属性时的熵值。C5.0 初始时利用公式（6-1）计算不考虑属性时的信息复杂度；公式（6-2）为考虑某一属性情况时的信息复杂度；公式（6-3）为公式（6-1）与公式（6-2）相减后的信息复杂度的差值，即为信息增益；公式（6-4）表示在某一条件下分割节点的熵值；公式（6-5）表示在该条件下的增益比例。

在构建决策树的过程中，决策树算法使用最小案例数量（Minimum Case，M）来检验每个节点所包含的案例数量是否超过 M。若没超过，则该节点停止生长；若超过，则继续往下生长。树结构生长完毕后，为了避免造成过拟合问题（即降低树的复杂度），需要进行剪枝。C5.0 采用后剪枝法，在剪枝阶段利用设置剪枝的信赖水平（Confidence Level，CF）下的信赖区间作为基准，计算该内部节点及其下一节点在统计上的预期错误率与案例数的信赖水平。在当前内部节点的错误率小于下一个内部节点的错误率时，且统计显示继续分割该节点也无法获得更好的结果，便将该节点剪掉。

[范例程序 6-3]

首先，加载 C50 包并引入 iris 数据集：

```
> library(C50)
> data(iris)
> np = ceiling(0.1*nrow(iris))        # 10% 作为测试数据
> np
[1] 15
```

计算并随机抽取 10%的数据作为测试数据、90%作为训练数据：

```
# 抽样
> test.index = sample(1:nrow(iris),np)
> iris.test = iris[test.index,]        # 测试数据
> iris.train = iris[-test.index,]      # 训练数据
```

设置 C5.0 算法的相关控制参数：

```
# sample=0表示不重新抽样
> c=C5.0Control(subset = FALSE,
+               bands = 0,
+               winnow = FALSE,
+               noGlobalPruning = FALSE,
+               CF = 0.25,
+               minCases = 2,
+               fuzzyThreshold = FALSE,
+               sample = 0,
+               seed = sample.int(4096, size = 1) - 1L,
```

```
+              earlyStopping = TRUE
+              )
# 第5个属性为目标属性（输出变量）
> iris_treeModel <- C5.0(x = iris.train[, -5], y = iris.train$Species,control
=c)
```

显示 C5.0 决策树模型 iris_treeModel 的规则及训练数据的错误率：

```
> summary(iris_treeModel)
Call:
C5.0.default(x = iris.train[, -5], y = iris.train$Species, control = c)


C5.0 [Release 2.07 GPL Edition]
-------------------------------


Class specified by attribute `outcome'

Read 135 cases (5 attributes) from undefined.data

Decision tree:

Petal.Length <= 1.7: setosa (41)
Petal.Length > 1.7:
:...Petal.Width > 1.7: virginica (43/1)
   Petal.Width <= 1.7:
   :...Petal.Length <= 5.3: versicolor (49/1)
      Petal.Length > 5.3: virginica (2)


Evaluation on training data (135 cases):

        Decision Tree
      ----------------
      Size      Errors

        4    2( 1.5%)   <<


      (a)   (b)   (c)     <-classified as
      ----  ----  ----
        41               (a): class setosa
```

```
      48    1    (b): class versicolor
       1   44    (c): class virginica


   Attribute usage:


   100.00% Petal.Length
    69.63% Petal.Width


Time: 0.0 secs
```

由以上结果可知，训练数据的错误率为 1.5%，即准确率为 98.5%。

```
# 生成测试数据的输出
> test.output=predict(iris_treeModel, iris.test[, -5], type = "class")
> n=length(test.output)
> number=0
> for( i in 1:n)                # 计算测试数据的准确率
+ {
+   if (test.output[i] == iris.test[i,5])
+   {
+     number=number+1
+   }
+ }
> test.accuracy=number/n*100
> test.accuracy
[1] 73.33333
```

由以上结果可知，测试数据的准确率为 73.33333%。

需要特别注意的是，C5.0 的输出变量（如 iris.train$Species）必须为因子类型。若不是因子数据，可以调用 factor()函数进行转换。

```
> iris.train$Species=factor(iris.train$Species)
```

[范例程序 6-4]

我们也可以直接设置 C5.0Control()函数的 sample 参数来表示训练数据的比例。例如，sample=0.9 表示 90%作为训练数据。

```
> library(C50)
> library(stringr)
>
```

```
> data(iris)

# 使用 sample = 0.9，表示90%作为训练数据
> c=C5.0Control(subset = FALSE,
+               bands = 0,
+               winnow = FALSE,
+               noGlobalPruning = FALSE,
+               CF = 0.25,
+               minCases = 2,
+               fuzzyThreshold = FALSE,
+               sample = 0.9,          # 90%作为训练数据
+               seed = sample.int(4096, size = 1) - 1L,
+               earlyStopping = TRUE,
+               label = "Species")
> iris_treeModel <- C5.0(x = iris[, -5], y = iris$Species,
+                 control =c)
>
> summary(iris_treeModel)

Call:
C5.0.default(x = iris[, -5], y = iris$Species, control = c)


C5.0 [Release 2.07 GPL Edition]
-------------------------------


Class specified by attribute 'Species'

Read 135 cases (5 attributes) from undefined.data

Decision tree:

Petal.Length <= 1.9: setosa (45)
Petal.Length > 1.9:
:...Petal.Width > 1.7: virginica (41/1)
   Petal.Width <= 1.7:
   :...Petal.Length <= 4.9: versicolor (43/1)
      Petal.Length > 4.9: virginica (6/2)
Evaluation on training data (135 cases):

        Decision Tree
```

```
                ----------------
        Size      Errors

          4    4( 3.0%)  <<


       (a)   (b)   (c)      <-classified as
       ----  ----  ----
        45                  (a): class setosa
              42    3       (b): class versicolor
               1   44       (c): class virginica


     Attribute usage:

     100.00% Petal.Length
      66.67% Petal.Width



 Evaluation on test data (15 cases):

          Decision Tree
        ----------------
        Size      Errors

          4    0( 0.0%)  <<


       (a)   (b)   (c)      <-classified as
       ----  ----  ----
         5                  (a): class setosa
               5            (b): class versicolor
                     5      (c): class virginica



 Time: 0.0 secs
```

　　从结果可以看出，训练数据的错误率为3.0%，而测试数据的错误率为0%。

　　下面调用stringr包中的str_locate_all()函数和substr()函数计算测试数据的错误率。首先，使用str_locate_all()函数定位iris_treeModel输出中"<<"的位置；然后，调用substr()函数获取"%"前1位置至前4位置的文字（表示为测试数据错误率）；最后，调用as.numeric()函数将其转换为

数字。

```
> tt=as.character(iris_treeModel$output)    # 转换文字
> x=str_locate_all(tt,"<<")
> y=substr(tt,x[[1]][2]-9,x[[1]][2]-6)

> test.error=as.numeric(y)
> test.correct=100-test.error
> test.correct                # 测试数据准确率
[1] 100
```

6.2　支持向量机

支持向量机（Support Vector Machine，SVM）由 Vapnik 于 1995 年根据 AT&T 实验室团队提出的统计学习理论（Statistical Learning Theory）发展出来的。支持向量机的学习架构依赖于小样本的训练数据来获得最佳的学习与归纳能力，使支持向量机能够学习出较为平滑的曲线，并且能够在测试数据中进行分类（Classification）或回归（Regression）时，变化最小，从而实现结构风险最小化（Structure Risk Minimization，SRM）原则。

以图 6-3 的二维空间为例，图中白点与黑点分别代表两类训练数据。对于 H_1、H_2、H_3 三条线，每一条线都可视为一个分类器。我们可以找出 H_2 最佳分类器，因为它使得这两类之间的距离最大，从而得到最小的分类错误率。因此，H_2 为此图中最佳的分类器。在高维度空间中，支持向量机可以找出一个超平面（Hyper-Plane）分类器，从而实现最小的分类错误率。支持向量机在解决非线性分类问题时也有极佳的表现。

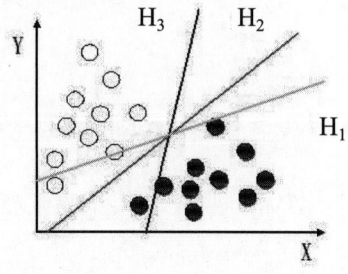

图 6-3　分类示意图

对于分类的问题，其实就是寻找一个函数 $y = f(x)$，$x \in R_n$，$y \in \{1, -1\}$，使得在给定的 k 个训练数据 $(x_1, y_1) \sim (x_i, y_i)$，$i=1\sim k$ 中，再寻找一个最佳的超平面，将训练数据进行分类，计算公式如下：

$$(w \cdot x) + b = 0, w \in R^n, b \in R \tag{6-6}$$

此平面满足下列条件：

$$y_i[w \cdot x_i + b] > 0, \ i = 1 \sim k \tag{6-7}$$

为了避免噪声影响造成过大的误差，必须引入松弛变量 $\zeta_i \geqslant 0$，使得计算公式变成：

$$y_i[w \cdot x_i + b] > 1 - \zeta_i, i = 1 \sim k \tag{6-8}$$

此时，超平面将训练数据分割成两部分，并使得每部分到超平面的最小距离最大，它的计算方法如下：

$$\text{Min}: [\gamma(w) = \frac{1}{2} w \cdot w + C \sum_{i=1}^{k} \zeta_i] \tag{6-9}$$

此有限制的优化问题可以通过拉格朗日乘数（Lagrange Multiplier）转换为对偶问题：

$$L = \frac{1}{2} \|w\|^2 + C \sum_{i=1}^{k} \zeta_i - P - \sum_{i=1}^{k} \gamma_i \zeta_i \tag{6-10}$$

$$P = \sum_{i=1}^{k} \alpha\{y_i(w \cdot x_i + b) - 1 + \zeta_i\} \tag{6-11}$$

其中，L 包含 4 个参数 $(w, b, \ \alpha, \ \gamma)$，需满足对 w、b 最小化且对 α、γ 最大化，而经由 KKT （Karush-Kuhn-Tucker）理论即可求得：$\sum_{i=1}^{k} \alpha_i y_i = 0$，$w = \sum_{i=1}^{k} \alpha_i y_i x_i$，由此可得到最大化函数：

$$\text{Max}: \left[\sum_{i=1}^{k} \alpha_i - \frac{1}{2} \sum_{i,j=1}^{k} \alpha_i \alpha_j y_i y_j (x_i \cdot x_j) \right] \tag{6-12}$$

限制条件为：

$$0 \leqslant a_i \leqslant C, i = 1 \sim k, \sum_{i=1}^{k} a_i y_i = 0$$

支持向量机可将数据由 $k(u, v) = (\Phi(x_i), \Phi(x_j))$ 转换至高维度的特征空间中，所以支持向量机处理优化的问题可以转变为：

$$L_D = \sum_{i=1}^{m} \alpha_i - \frac{1}{2} \sum_{i,j=1}^{m} \alpha_i \alpha_j y_i y_j (\Phi(x_i), \Phi(x_j)) \tag{6-13}$$

$$L_D = \sum_{i} \alpha_i - \frac{1}{2} \sum_{i,j} \alpha_i \alpha_j y_i y_j k(u, v) \tag{6-14}$$

限制条件为：

$$0 \leqslant a_i \leqslant C, i = 1 \sim k, \sum_{i=1}^{k} a_i y_i = 0$$

其中 $k(u, v)$ 称为核函数，常用的核函数包含 linear、polynomial、radial base 和 sigmoid 函数。linear 函数定义为 $k(u, v) = u'v$，polynomial 函数定义为 $k(u, v) = (u'v + \mathrm{coef0})^{\mathrm{degree}}$，radial base 函数定义为 $k(u, v) = e^{(-\gamma|u-v|^2)}$，sigmoid 函数定义为 $k(u, v) = \tanh(ru'v + \mathrm{coef0})$。

[范例程序 6-5]

首先引用 e1071 包和 iris 数据：

```
> library(e1071)
> data(iris)
> index <- 1:nrow(iris)
> np = ceiling(0.1*nrow(iris))          # 10%作为测试数据
> np
[1] 15
```

随机选取 10%作为测试数据、90%作为训练数据：

```
> testindex = sample(1:nrow(iris),np)
> testset = iris[test.index,]           # 测试数据
> trainset = iris[-test.index,]         # 训练数据
```

使用训练数据建立 svm.model 模型，核函数为 radial base 并设置自变量 cost(C)=10、gamma（γ）=10：

```
# 输出变量是Species，“.”表示使用除输出变量外的变量作为输入变量
> svm.model <- svm(Species ~ ., data = trainset, type = 'C-classification', cost
= 10, gamma = 10)
```

使用训练好的 svm.model 模型对测试数据进行预测：

```
> svm.pred <- predict(svm.model, testset[,-5])
```

显示测试数据的准确率：

```
# 生成测试数据的混淆矩阵
> table.svm.test=table(pred = svm.pred, true = testset[,5])
> table.svm.test
          true
pred        setosa versicolor virginica
  setosa        2          0         0
  versicolor    0          7         0
  virginica     1          1         4

# 对角线上的值表示正确数量
> correct.svm=sum(diag(table.svm.test))/sum(table.svm.test)
```

```
> correct.svm=correct.svm*100
> correct.svm
[1] 86.66667                    # 测试数据的准确率
```

e1071 包提供了 tune.svm()函数搜索最佳的 cost(*C*)和 gamma(*γ*)值。我们可设置搜索范围，例如 0.001<=*γ*<=0.1 及 0.1<=*C*<=10。

```
# 0.001<=γ<=0.1; 0.1<=C=10
> tuned <- tune.svm(Species ~., data = trainset, gamma = 10^(-3:-1), cost =
10^(-1:1))
> summary(tuned)


Parameter tuning of 'svm':

- sampling method: 10-fold cross validation

- best parameters:
 gamma cost
  0.1   10


- best performance: 0.04450549


- Detailed performance results:
  gamma cost      error dispersion
1 0.001  0.1 0.74395604 0.13837721
2 0.010  0.1 0.42362637 0.22152013
3 0.100  0.1 0.14065934 0.08211993
4 0.001  1.0 0.41648352 0.22753121
5 0.010  1.0 0.13351648 0.07800779
6 0.100  1.0 0.05879121 0.05843897
7 0.001 10.0 0.13351648 0.07800779
8 0.010 10.0 0.05219780 0.06125272
9 0.100 10.0 0.04450549 0.06261755
```

由以上结果可知，*γ*=0.1 和 *C*=10 误差值最小，所以选定此值作为 svm()函数的参数并重新计算准确率。

```
# γ=0.1; C=10
> model <- svm(Species ~., data = trainset, kernel="radial", gamma=0.1, cost=10)
> summary(model)


Call:
```

```
svm(formula = Species ~ ., data = trainset, kernel = "radial",
    gamma = 0.1, cost = 10)


Parameters:
   SVM-Type:  C-classification
 SVM-Kernel:  radial
       cost:  10
      gamma:  0.1


Number of Support Vectors:  31


 ( 3 15 13 )
Number of Classes:  3


Levels:
 setosa versicolor virginica
```

```
# 生成测试数据的预测值
> svm.pred <- predict(model, testset[,-5])
>
# 生成测试数据的混淆矩阵
> table.svm.best.test=table(pred = svm.pred, true = testset[,5])
> table.svm.best.test
           true
pred         setosa versicolor virginica
  setosa          3          0         0
  versicolor      0          8         0
  virginica       0          0         4
> correct.svm.best=sum(diag(table.svm.best.test))/
sum(table.svm.best.test)*100
> correct.svm.best
[1] 100                      # 测试数据的准确率为100%
```

6.3　人工神经网络

人工神经网络（ANN）由大量人工神经元（Artificial Neuron）相互连接组成，可以构成各种网络模型（Network Model）。其中，处理单元（Processing Element，PE）是人工神经网络的最基本构成单位，每个处理单元的输出都连接到下一层的处理单元。处理单元的输入和输出计算公式如下：

$$f_i = f\left(\text{net}_i\right) = f\left(\sum_i W_{ij} X_i - \theta_i\right)$$

（6-15）

在代码（6-15）中：

- f_i：表示人工神经网络处理单元的输出信号。
- net_i：表示集成函数。
- f：表示人工神经网络处理单元的激励函数。
- W_{ij}：表示人工神经网络各处理单元间的连续权重值（Weight）。
- X_i：表示输入向量。
- θ_i：表示人工神经网络处理单元的阈值（Threshold）。

反向传播（BP）人工神经网络是被广泛应用的一种监督式学习的人工神经网络，它的基本原理是利用最陡下降法（Steepest Descent Method，也称梯度下降法）通过迭代方式将误差函数最小化。反向传播算法的网络训练分为两个阶段：前向传播（也称为正向传播）阶段和反向传播阶段，如图 6-4 所示。

在前向传播阶段，输入向量从输入层开始，经由隐藏层传输至输出层，最终得出输出值。在此阶段，网络节点间的权重值保持不变。反向传播阶段则根据误差修正规则调整连接权重值，使修正后的输出值更接近目标输出值。误差函数公式如下：

$$E = \frac{1}{2} \sum_j (d_j - y_j)^2$$

（6-16）

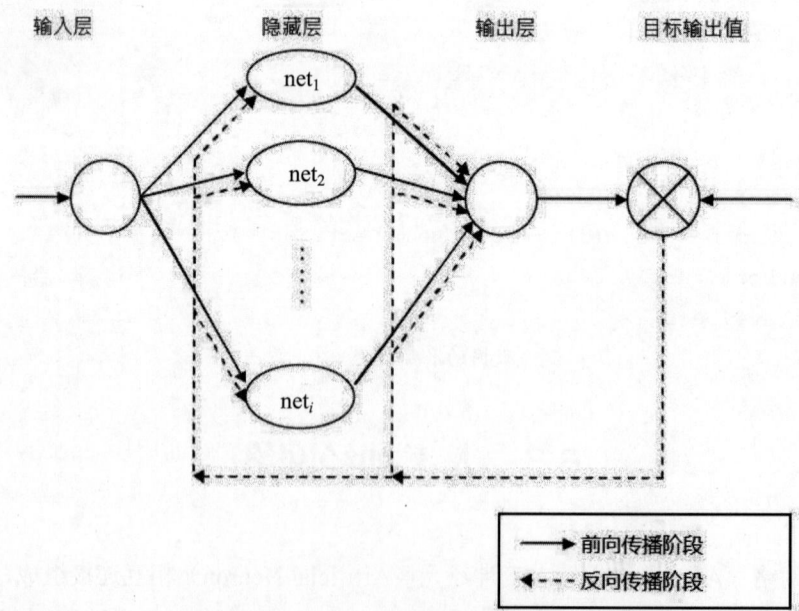

图 6-4   反向传播算法的前向传播阶段和反向传播阶段

在代码（6-16）中：

- d_j：表示输出层第 j 个输出单元的目标输出值。
- y_j：表示输出层第 j 个输出单元的计算输出值。

误差函数对权重值的偏微分公式表示如下：

$$\Delta W = -\eta \frac{\partial E}{\partial W} \tag{6-17}$$

在代码（6-17）中：

- ΔW：表示各层处理单元间的连接权重值的修正量。
- η：表示学习率（Learning Rate），可用于控制每次权重值调整的幅度。

误差函数对隐藏层第 k 个单元与输出层第 j 个单元间的连接权重值关系，公式如下：

$$\Delta W_{kj} = \eta \times \delta_j \times X_k \tag{6-18}$$

在代码（6-18）中：

- X_k：表示第 k 个隐藏层单元的输入向量。
- δ_j：表示区域梯度函数，$\delta_j = (d_j - y_j) y_j (1 - y_j)$。

误差函数对输入层第 i 个单元与隐藏层第 k 个单元间的连接权重值关系，公式如下：

$$\Delta W_{ik} = \eta \times \delta_k \times X_i \tag{6-19}$$

在代码（6-19）中：

- δ_k：局部梯度函数，$\delta_k = y_k (1 - y_k) \sum_i \delta_i W_{ik}$。

[范例程序 6-6]

首先引用 neuralnet 包：

```
> library("neuralnet")
```

使用均匀分布（Uniform Distribution）产生 100 个介于 0~100 的训练数据，并计算其平方根值作为目标值（输出值）：

```
# 产生100个介于0~100的训练数据
> Var1 <- runif(100, min=0, max=100)
# 计算平方根值
> sqrt.data <- data.frame(Var1, Sqrt=sqrt(Var1))
```

设置 neuralnet()函数的隐藏层处理单元的变量 hidden=10、阈值=0.01，并使用反向传播人工神经网络，将运行结果赋值给 net.sqrt：

```
# hidden=10，阈值=0.01
> net.sqrt <- neuralnet(Sqrt~Var1, sqrt.data, hidden=10,threshold=0.01)
```

打印 net.sqrt 相关信息：

```
> print(net.sqrt)
Call: neuralnet(formula = Sqrt ~ Var1, data = sqrt.data, hidden = 10,    threshold
= 0.01)

1 repetition was calculated.

        Error Reached Threshold Steps
1 0.0001658715951   0.009936046689 10537
```

画出 net.sqrt 的架构图，结果如图 6-5 所示。

```
> plot(net.sqrt)
```

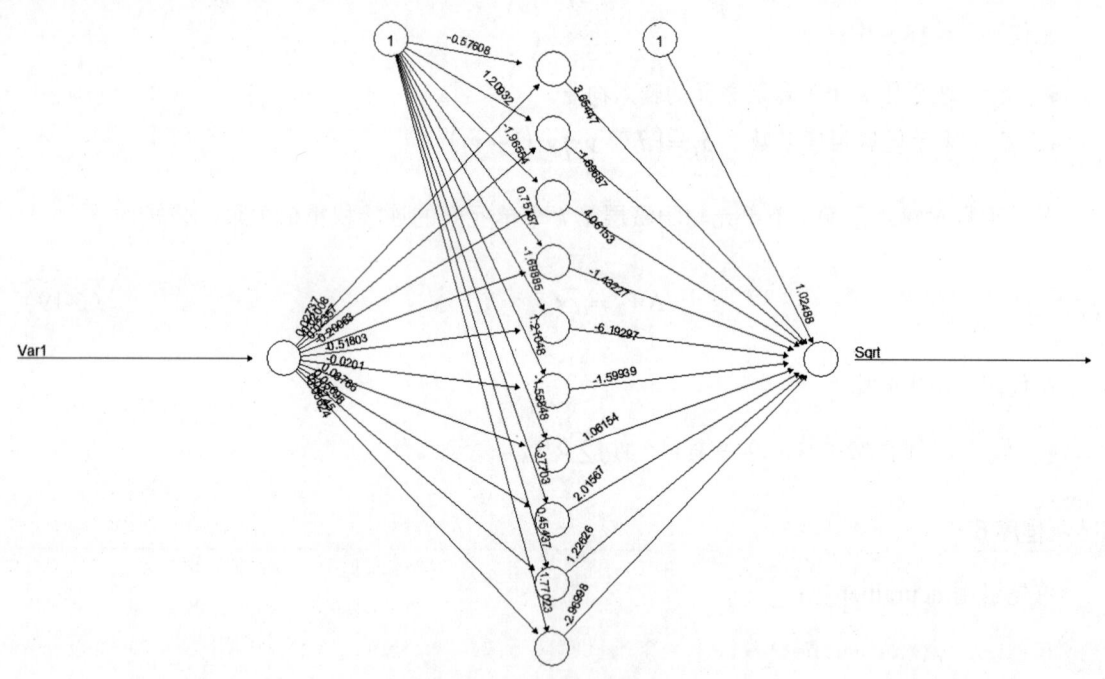

图 6-5   net.sqrt 的架构图

产生测试数据并调用 compute()函数来预测此模型的结果：

```
# 产生测试数据
> testdata <- as.data.frame((1:10)^2)
> nn.result <- compute(net.sqrt, testdata)
```

打印预测结果：

```
> print(nn.result)
$neurons
$neurons[[1]]
     1  (1:10)^2
 [1,] 1        1
 [2,] 1        4
 [3,] 1        9
 [4,] 1       16
 [5,] 1       25
 [6,] 1       36
 [7,] 1       49
 [8,] 1       64
 [9,] 1       81
[10,] 1      100


$neurons[[2]]
      [,1]                                                               [,2]                    [,3]          [,4]
 [1,] 1 0.257725812205483739703026913048233836889266966777734 0.9919478656 0.6044046623
 [2,] 1 0.022929844482689979573430960613222850952297449111119 0.9907018379 0.8125646725
 [3,] 1 0.000263126189463150274988612054016812180634588003032 0.9881873662 0.9610199115
 [4,] 1 0.000000489781480088627602662368354380362234223868668 0.9835047641 0.9964540598
 [5,] 1 0.000000000015123349194929222940892571402926591872530 0.9747324334 0.9998442540
 [6,] 1 0.000000000000000774844563038230951974860705178116400 0.9577294311 0.9999965980
 [7,] 1 0.000000000000000006587223541027999251275260039760 0.9235472752 0.9999999629
 [8,] 1 0.000000000000000000000009292047371886474438178180 0.8539429308 0.9999999998
 [9,] 1 0.000000000000000000000000000217491170472587939 0.7197913330 1.0000000000
[10,] 1 0.00000000000000000000000000000000000008446816267 0.5060569487 1.0000000000
               [,5]                  [,6]           [,7]             [,8]
 [1,] 0.802116690204665583 0.7968909277964 0.2510113653 0.55728999915289978428490
 [2,] 0.675954358580697079 0.7449406210565 0.2677665348 0.32812303045151075542307
 [3,] 0.408061586830988920 0.6410360878618 0.2972179318 0.09155600904400451600651
 [4,] 0.127627524893795391 0.4728123320481 0.3414099410 0.01094230349795086154607
 [5,] 0.019548653245394374 0.2700522148165 0.4024439148 0.00064559742156132342555
 [6,] 0.001741956148366336 0.1113886025399 0.4811573388 0.00002006528651787095071
 [7,] 0.000098064227900182 0.0337093301416 0.5750879525 0.00000033152970991952383
 [8,] 0.000003539693612293 0.0079112815363 0.6767441203 0.00000002913719960069367
 [9,] 0.000000082042026592 0.0014949996732 0.7743813690 0.00000000001362165003402
[10,] 0.000000001221126965 0.0002308477486 0.8564052781 0.00000000000003387414335
```

```
              [,9]              [,10]            [,11]
 [1,] 0.541182501700  0.313699456493  0.3014415717
 [2,] 0.504031573736  0.288055996536  0.3211166332
 [3,] 0.442217067074  0.248221939978  0.3553398072
 [4,] 0.358982541606  0.198976939161  0.4057762028
 [5,] 0.263721441826  0.146966628131  0.4735095293
 [6,] 0.171794037122  0.099231314426  0.5573786856
 [7,] 0.098098407455  0.060979131897  0.6521084818
 [8,] 0.049106005126  0.034088025562  0.7478745784
 [9,] 0.021718638784  0.017373953135  0.8330633738
[10,] 0.008567711444  0.008100501284  0.8992465457


$net.result
              [,1]
 [1,] 1.029557458
 [2,] 2.000101230
 [3,] 2.998497421
 [4,] 4.001433416
 [5,] 4.998696195
 [6,] 6.001244074
 [7,] 6.999690285
 [8,] 7.998276198
 [9,] 9.002924905
[10,] 9.990079622
```

若要计算平均绝对误差（mae）及均方根误差（rmse），则可再加载 DMwR 包并调用 regr.eval() 函数：

```
> library(DMwR)


# 计算平均绝对误差（mae）及均方根误差（rmse）
> regr.eval(expected.output,nn.result$net.result[,1],
+ stats=c('mae','rmse'))


       mae           rmse
0.05002136169 0.03148412327
```

6.4 集成学习方法

Nilsson 在 1965 年提出的集成学习方法，通过多位专家的组合，按特定方式（如投票法、权重法）整合各专家的意见进行决策。经验证，这种方法的效果通常优于单个专家的决策，因为不同专家擅长的领域不同，集成学习能够让专家彼此互补，从而得到更好的结果。常用的集成学习方法包含装袋法（Bagging）和提升法（Boosting）。

6.4.1　随机森林

装袋法通过将所有预测模型的多数预测值作为未知值组的预测值，采用放回（With Replacement）随机抽样从原始数据集中选取与原集合相同数量的数据，从而生成多个训练子集。然后，使用投票法，根据各个子集得到的票数来决定最终的分类结果。

随机森林是专门为决策树分类法设计的一种装袋法。它结合多个决策树的预测结果，每棵决策树都是根据随机森林中的随机向量值来建立的。

[范例程序 6-7]

需要先清除 R 软件内存中的数据（确保没有上次使用过的数据对象）：

```
# 清除对象（变量）
> rm(list = ls())
> gc()
```

引用 randomForest 包和 iris 数据集：

```
> library(randomForest)
> data(iris)
```

调用 sample()函数将 iris 数据分为训练数据集（80%）和测试数据集（20%）：

```
# 抽样
> ind <- sample(2, nrow(iris), replace=TRUE, prob=c(0.8, 0.2))
> trainData <- iris[ind==1,]
> testData <- iris[ind==2,]
```

使用训练集数据和 100 棵决策树建立随机森林：

```
> rf <- randomForest(Species ~ ., data=trainData, ntree=100)
```

调用 predict()函数来预测测试数据的分类结果并计算准确率：

```
# 产生测试数据预测值
> irisPred <- predict(rf, newdata=testData)
> table(irisPred, testData$Species)

irisPred    setosa versicolor virginica
  setosa        13          0         0
```

versicolor	0	9	0
virginica	0	0	9

由以上数据可知，测试数据的准确率为 100%。

6.4.2　提升法

提升法（Boosting）是通过为每个训练数据集设置一个权重，在每次迭代后，对分类错误的数据增加权重，从而使得下一次迭代更加关注这些数据。提升法通常采用不放回随机抽样。

[范例程序 6-8]

引用 adabag 包和 iris 数据集：

```
> library(adabag)
> data(iris)
```

调用 sample()函数将 iris 数据分为训练数据集（80%）和测试数据集（20%）：

```
# 抽样
> ind <- sample(2, nrow(iris), replace=FALSE, prob=c(0.8, 0.2))
> trainData <- iris[ind==1,]
> testData <- iris[ind==2,]
```

使用训练集数据并迭代 5 次来建立提升法模型：

```
# mfinal表示迭代次数
> train.adaboost <- boosting(Species~., data=trainData, boos=TRUE, mfinal=5)
```

调用 predict.boosting()函数来预测测试数据的分类结果，并计算准确率：

```
> test.adaboost.pred <- predict.boosting(train.adaboost,newdata=testData)


# 生成测试数据的混淆矩阵
> test.adaboost.pred$confusion
               Observed Class
Predicted Class setosa versicolor virginica
    setosa          7          0          0
    versicolor      0          9          0
    virginica       0          1          9


# 产生error值
> test.adaboost.pred$error
[1] 0.03846154
```

由以上数据可知，测试数据的准确率为 25/26×100=96.15%（100 − 3.85 = 96.15）。

6.5　习　　题

（1）使用决策树分析 bank.csv。

（2）使用其他分类方法分析 bank.csv。

## 第 7 章

非监督式学习

7

本章介绍常用的非监督式学习（聚类）算法及其应用，例如层次聚类法（Hierarchical Clustering）、K 均值聚类算法（K-Means）及模糊 C 均值聚类算法（Fuzzy C Means）。

7.1　层次聚类法

聚类（Clustering）是将一组数据依据相似度计算公式，按照一定规则将其凝聚或分裂成若干簇（聚类）。层次聚类法通过如图 7-1 所示的层次架构方式，反复对数据进行凝聚或分裂，以最终产生树结构。常见的层次聚类法有以下两种：

（1）凝聚法（Agglomerative）：采用自下向上的处理方式，从树结构的底部开始，将数据或各聚类逐次合并。一开始将每个数据点都被视为一个独立的聚类，然后根据聚类间的相似度计算公式，逐步合并最相似的两个聚类，直到最后所有的聚类合并成一个大的类。

（2）分拆法（Divisive，或称为分裂法），采用自上向下的处理方式，从树结构的顶端开始将大的聚类逐次分拆。一开始时将所有数据视为一个大的聚类，然后根据相似度计算公式，逐步将大聚类分拆成较小的聚类，直到聚类数量达到事先设置的数目为止。

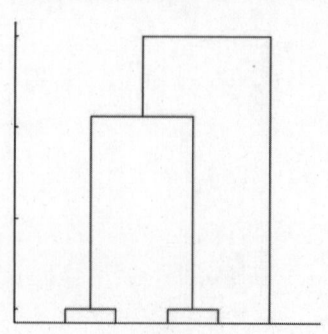

图 7-1　层次聚类法的树结构

层次聚类法的相似度可通过距离来计算，距离越大，相似度越小。两个聚类（c_i, c_j）的相似度（Similarity）计算公式如下：

$$Similarity = \frac{1}{1 + d\left(c_i, c_j\right)}$$（7-1）

其中，分母为 $1 + d\left(c_i, c_j\right)$ 可保障分母不会等于 0。两个聚类间的距离 $d\left(c_i, c_j\right)$ 可使用图 7-2 所示的 4 种方法来计算：单一连接法，即取聚类间最近点的距离 $d_{min}\left(c_i, c_j\right)$；中心法，即取聚类间中心点的距离 $d_{mean}\left(c_i, c_j\right)$；平均法，即取聚类间所有点距离的平均 $d_{avg}\left(c_i, c_j\right)$；完全连接法，即取聚类间最远点的距离 $d_{max}\left(c_i, c_j\right)$。对于点和点间的距离，可使用欧几里得距离（Euclidean Distance）、皮尔森相关系数（Pearson Correlation Coefficient）和马氏距离（Mahalanobis Distance）。

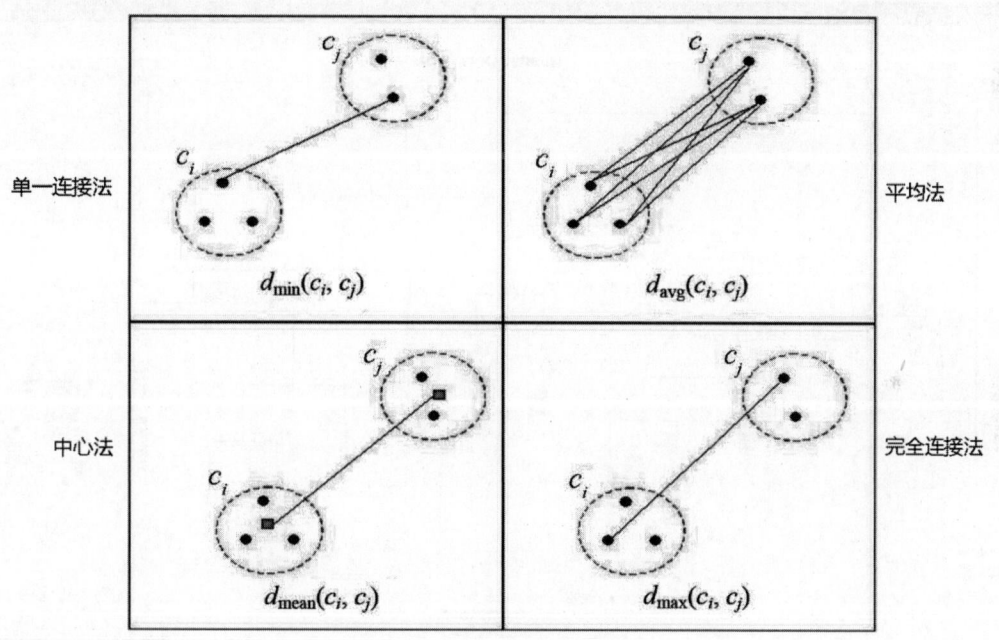

图 7-2　计算各聚类间的距离

[范例程序 7-1]

为了方便展示层次聚类法的树结构，本范例随机取用 10%（15 笔）的 iris 数据作为样本：

```
> data(iris)
> index <- 1:nrow(iris)

# 使用10%的iris数据作为样本
> np <- ceiling(0.1*nrow(iris))
> idx <- sample(1:nrow(iris),np)
# 抽样
```

```
> irisSample <- iris[idx,]
```

由于层次聚类法是非监督式学习法，因此将 irisSample 中的目标属性 Species 设为 NULL：

```
# 不使用目标属性
> irisSample$Species <- NULL
```

调用 hclust()函数并设置使用单一连接法来计算聚类距离：

```
# method="single"表示使用单一连接法
> hc <- hclust(dist(irisSample), method="single")
```

调用 plot()函数绘制出树结构，并标示目标属性 Species 的种类，其结果如图 7-3 所示。

```
> plot(hc,labels=iris$Species[idx])
```

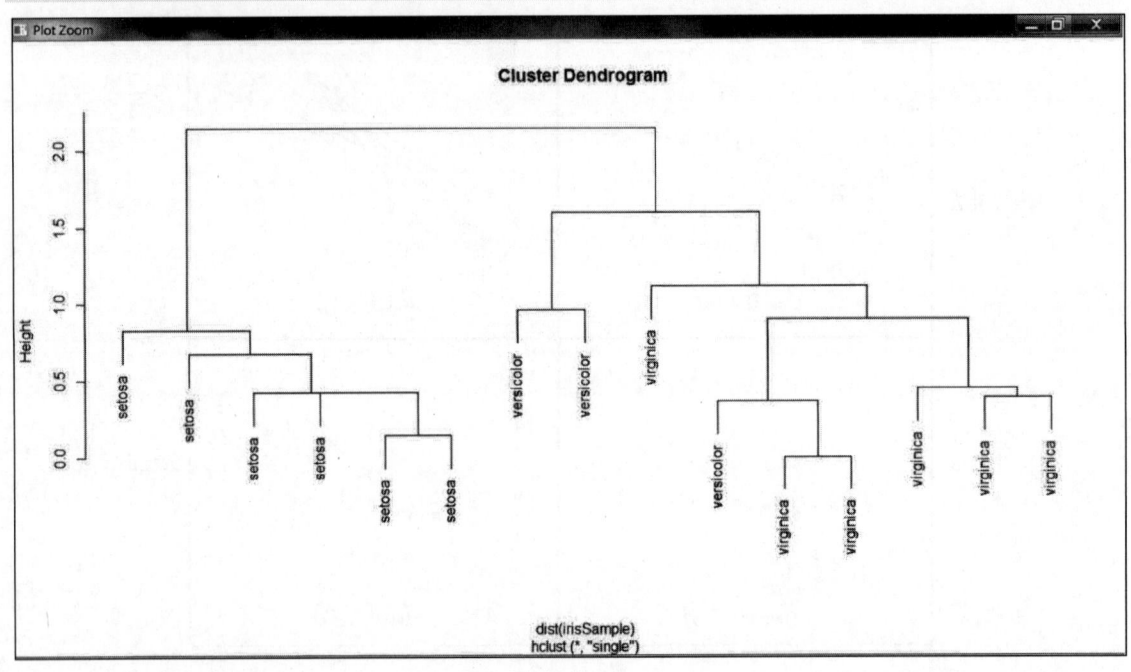

图 7-3　层次聚类法的 iris 树结构

调用 rect.hclust()函数将 3 个聚类用矩形标示出来：

```
# k=3
> rect.hclust(hc, k=3)
```

最终结果如图 7-4 所示。

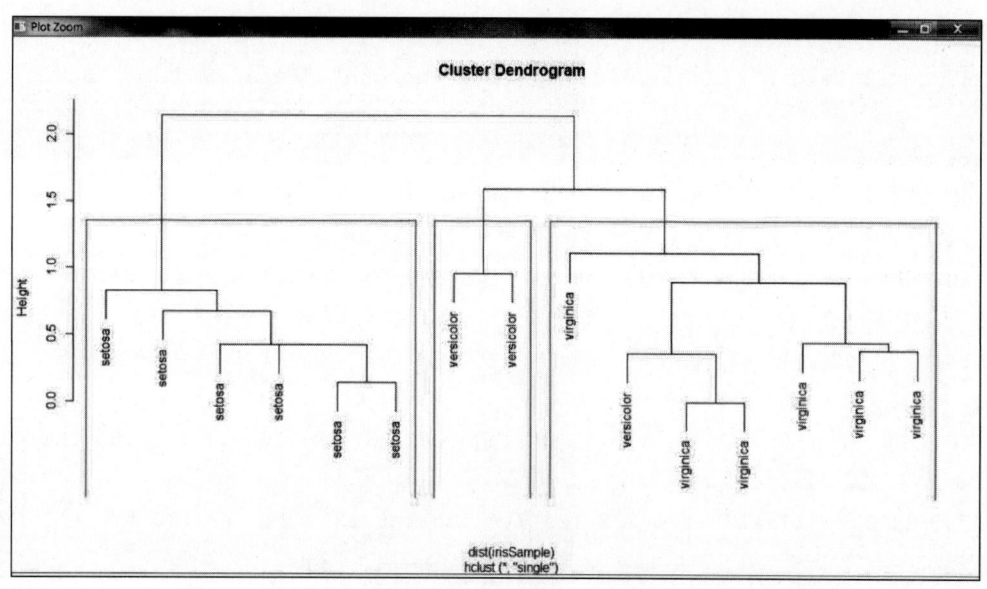

图 7-4　层次聚类法的 iris 树结构+矩形

7.2　*K* 均值聚类算法

K 均值聚类算法是由 MacQueen 于 1967 年提出的一种聚类算法。该算法必须事先设置聚类的数量为 k，k 个聚类 C_i，$i=1,2,\cdots,k$，然后通过以下计算公式借以达到聚类优化的目的。

$$\text{argmin}\sum_{i=1}^{k}\sum_{x_j\in C_i}x_j-\mu_i \tag{7-2}$$

在公式（7-2）中，μ_i 表示第 i 个聚类的聚类（簇）中心。

K 均值聚类算法依照以下 4 个步骤进行聚类：

- 步骤 01　给定 k 值，将数据分割成 k 个非空子集合。
- 步骤 02　划分聚类的聚类簇心，这些聚类簇心为各个聚类组的中心点。
- 步骤 03　将每个数据归类到与其最接近的聚类簇中心。
- 步骤 04　回到 步骤 02，直到每个聚类组的数据不再发生变化。

[范例程序 7-2]

首先载入 iris 数据集并显示其属性：

```
> data(iris)


# 显示5个属性
> attributes(iris)
```

```
$names
[1] "Sepal.Length" "Sepal.Width"  "Petal.Length" "Petal.Width"  "Species"


$row.names
  [1]   1   2   3   4   5   6   7   8   9  10  11  12  13  14  15  16  17  18  19
 20  21  22  23  24  25  26  27  28  29
 [30]  30  31  32  33  34  35  36  37  38  39  40  41  42  43  44  45  46  47  48
 49  50  51  52  53  54  55  56  57  58
 [59]  59  60  61  62  63  64  65  66  67  68  69  70  71  72  73  74  75  76  77
 78  79  80  81  82  83  84  85  86  87
 [88]  88  89  90  91  92  93  94  95  96  97  98  99 100 101 102 103 104 105 106
107 108 109 110 111 112 113 114 115 116
[117] 117 118 119 120 121 122 123 124 125 126 127 128 129 130 131 132 133 134
135 136 137 138 139 140 141 142 143 144 145
[146] 146 147 148 149 150

$class
[1] "data.frame"
```

将 iris 赋值给 iris2 并将其目标属性 Species 设为 NULL：

```
> iris2 <- iris
> iris2$Species <- NULL
```

调用 kmeans()函数将 iris2 数据分为 3 个聚类，并直接显示结果（请注意使用圆括号括住表达式）：

```
# 使用圆括号直接显示结果
> (kmeans.result <- kmeans(iris2, 3))
K-means clustering with 3 clusters of sizes 50, 38, 62

Cluster means:
  Sepal.Length Sepal.Width Petal.Length Petal.Width
1     5.006000    3.428000     1.462000    0.246000
2     6.850000    3.073684     5.742105    2.071053
3     5.901613    2.748387     4.393548    1.433871


Clustering vector:
  [1] 1 1 1 1 1 1 1 1 1 1 1 1 1 1 1 1 1 1 1 1 1 1 1 1 1 1 1 1 1
 [30] 1 1 1 1 1 1 1 1 1 1 1 1 1 1 1 1 1 1 1 1 3 2 3 2 3 3 3 3 3
 [59] 3 3 3 3 3 3 3 3 3 3 3 3 3 3 3 2 3 3 3 3 3 3 3 3 3 3 3 3 3
 [88] 3 3 3 3 3 3 3 3 3 3 3 3 3 3 2 3 2 2 2 2 2 3 2 2 2 2 2 3 2
[117] 2 2 2 3 2 3 2 3 2 2 3 3 2 2 2 2 2 3 2 2 2 2 3 2 2 2 3 2 2
```

```
[146] 2 3 2 2 3

Within cluster sum of squares by cluster:
[1] 15.15100 23.87947 39.82097
 (between_SS / total_SS =  88.4 %)

Available components:

[1] "cluster"      "centers"      "totss"         "withinss"
[5] "tot.withinss" "betweenss"    "size"          "iter"
[9] "ifault"
```

调用 table()函数显示聚类的结果，从以下结果可知，有 36 个 versicolor 聚类至 virginica，有 48 个 virginica 聚类至 versicolor：

```
# 混淆矩阵
> table(iris$Species, kmeans.result$cluster)

              1   2   3
  setosa     50   0   0
  versicolor  0   2  48
  virginica   0  36  14
```

以属性 Sepal.Length 为 X 轴、Sepal.Width 为 Y 轴，调用 plot()函数和 points()函数画出聚类簇的中心位置，如图 7-5 所示。

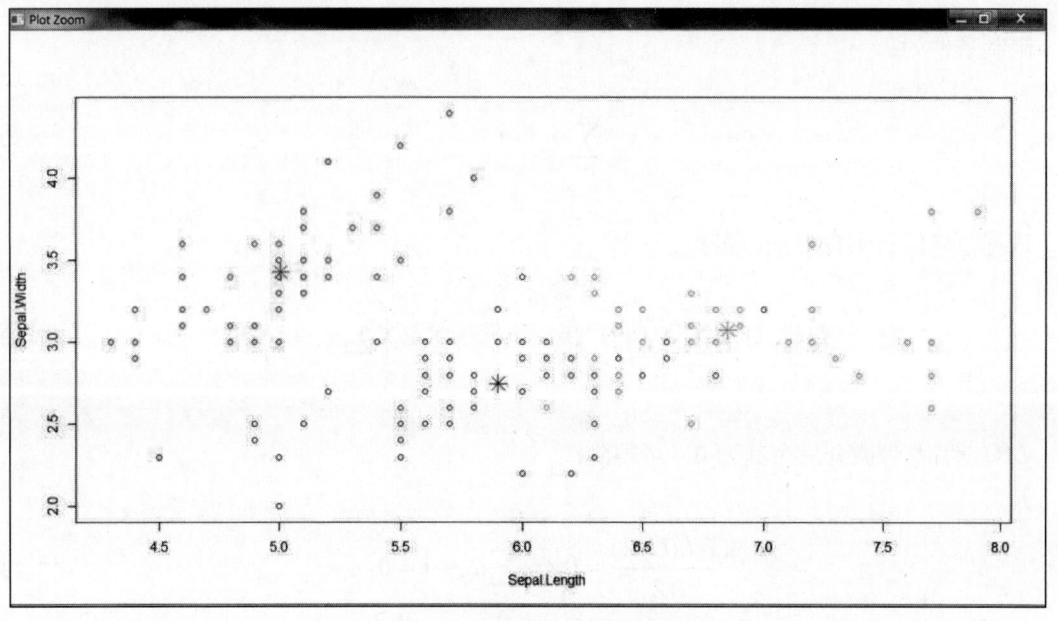

图 7-5　聚类簇的中心位置图

```
> plot(iris2[c("Sepal.Length", "Sepal.Width")], col = kmeans.result$cluster)
> points(kmeans.result$centers[,c("Sepal.Length", "Sepal.Width")], col = 1:3,
pch = 8, cex=2)
```

7.3   模糊 C 均值聚类算法

Bezdek 于 1973 年提出了模糊 C 均值聚类算法（Fuzzy C-Means，FCM）。该算法的目标函数采用模糊理论的概念，使得每个输入向量不仅归属于某一特定的聚类，而是通过隶属程度来反映其在各个聚类中的归属程度。

对于数据集 $X = \{x_1, x_2, \cdots, x_n\}$，模糊 C 均值聚类算法将数据集 X 划分为 c 个簇。设这 c 个簇的聚类中心构成的集合为 $V = \{v_1, v_2, \cdots, v_c\}$，数据点 x_i 对第 j 个簇心 v_i 的隶属度为 u_{ij}，相应的隶属矩阵 U 表示为：

$$U = \begin{bmatrix} u_{11} & u_{12} & \cdots & u_{1n} \\ u_{21} & u_{22} & \cdots & u_{2n} \\ \vdots & \vdots & \vdots & \vdots \\ u_{c1} & u_{c2} & \cdots & u_{cn} \end{bmatrix} \tag{7-3}$$

簇的聚类中心集合 V 和数据集 X 的误差可以表示为：

$$E(U, V : X) = \sum_{i=1}^{c} \sum_{j=1}^{n} (u_{ij})^m \left\| x_j - v_i \right\|^2 \tag{7-4}$$

限制条件为：

$$\sum_{i=1}^{c} u_{ij} = 1 \tag{7-5}$$

依据拉格朗日乘数方法，可得：

$$L(U, \lambda) = \sum_{j=1}^{n} \sum_{i=1}^{c} (u_{ij})^m \left\| x_j - v_i \right\|^2 - \sum_{j=1}^{n} \lambda_j \left(\sum_{i=1}^{c} u_{ij} - 1 \right) \tag{7-6}$$

$L(U, \lambda)$ 对 λ_j 微分后令其为 0，可得到：

$$\frac{\partial L(U, \lambda)}{\partial \lambda_j} = 0 \Leftrightarrow \sum_{i=1}^{c} u_{ij} - 1 = 0 \tag{7-7}$$

$L(U,\lambda)$ 对 u_{ij} 微分后令其为 0，可得到：

$$\frac{\partial L(U,\lambda)}{\partial u_{ij}} = 0 \Leftrightarrow \left[m(u_{ij})^{m-1}\left\|x_j - v_i\right\|^2 - \lambda_j \right] = 0 \tag{7-8}$$

由公式（7-8）可得：

$$u_{ij} = \left(\frac{\lambda_j}{m\left\|x_j - v_i\right\|^2} \right)^{\frac{1}{m-1}} \tag{7-9}$$

由公式（7-7）和公式（7-9）可得：

$$\sum_{i=1}^{c} u_{ij} = \sum_{i=1}^{c}\left(\frac{\lambda_j}{m\left\|x_j - v_i\right\|^2} \right)^{\frac{1}{m-1}} \tag{7-10}$$
$$= 1$$

由公式（7-10）可得：

$$\left(\frac{\lambda_j}{m}\right)^{\frac{1}{m-1}} = 1 \left/ \sum_{i=1}^{c}\left(\frac{1}{m\left\|x_j - v_i\right\|^2} \right)^{\frac{1}{m-1}} \right. \tag{7-11}$$

将公式（7-11）代入公式（7-9），可得：

$$u_{ij} = 1 \left/ \sum_{k=1}^{c}\left(\frac{\left\|x_j - v_i\right\|}{\left\|x_j - v_k\right\|} \right)^{\frac{2}{m-1}} \right. \tag{7-12}$$

第 j 个簇心 v_i 可调整为：

$$v_i = \frac{\sum_{j=1}^{n}(u_{ij})^m x_j - 1}{\sum_{j=1}^{n}(u_{ij})^m}, \quad 1 \leqslant i \leqslant c \tag{7-13}$$

模糊 C 均值聚类算法依照以下 4 个步骤进行聚类：

步骤 01 设置聚类数量 c、模糊度次方 m、误差容忍度 ε 和起始隶属矩阵 U_0。

步骤 02 根据数据集和矩阵 U_0 计算出起始的聚类簇中心集。

步骤 03 重新计算隶属度矩阵 u_{ij}，$1 \leq i \leq c$ 和 $1 \leq j \leq n$，修正各个聚类簇的中心值。

步骤 04 计算出误差 $E = \sum_{i=1}^{c} v_i^{t+1} - v_i^t$，若 $E \leq \varepsilon$，则停止，否则返回到 步骤 03。

[范例程序 7-3]

首先引用 e1071 包和 iris 数据集：

```
> library("e1071")
> data(iris)
```

调用 rbind()函数将 iris 数据赋值给 x 并调用 t()函数进行矩阵的转置：

```
# 生成数据
> x<-rbind(iris$Sepal.Length, iris$Sepal.Width, iris$Petal.Length,
iris$Petal.Width)
> x<-t(x)
```

调用cmeans()函数，并设参数聚类的簇数centers=3、m=2、最大迭代次数iter.max=500及 verbose=TRUE来显示运行过程的信息：

```
> result<-cmeans(x,m=2,centers=3,iter.max=500,verbose=TRUE,method="cmeans")
Iteration:  1, Error: 1.1065549797
Iteration:  2, Error: 0.5143839622
Iteration:  3, Error: 0.4317889832
Iteration:  4, Error: 0.4089850507
Iteration:  5, Error: 0.4047123528
Iteration:  6, Error: 0.4038350861
Iteration:  7, Error: 0.4035582273
Iteration:  8, Error: 0.4034493445
Iteration:  9, Error: 0.4034040642
Iteration: 10, Error: 0.4033850717
Iteration: 11, Error: 0.4033771134
Iteration: 12, Error: 0.4033737857
Iteration: 13, Error: 0.4033723967
Iteration: 14, Error: 0.4033718175
Iteration: 15, Error: 0.4033715763
Iteration: 16, Error: 0.4033714758
Iteration: 17, Error: 0.4033714340
Iteration: 18, Error: 0.4033714166
Iteration: 19, Error: 0.4033714094
Iteration: 20 converged, Error: 0.4033714063
> print(result)
Fuzzy c-means clustering with 3 clusters
```

```
Cluster centers:
     [,1]      [,2]      [,3]      [,4]
1 5.003966 3.414092 1.482811 0.2535443
2 5.888876 2.761049 4.363869 1.3972723
3 6.774943 3.052362 5.646696 2.0535137
```

Memberships:

```
              1            2            3
 [1,] 0.996623591 0.0023043863 0.0010720223
 [2,] 0.975851052 0.0166506280 0.0074983195
 [3,] 0.979824951 0.0137602302 0.0064148190
 [4,] 0.967425471 0.0224665169 0.0101080122
 [5,] 0.994470320 0.0037617495 0.0017679303
 [6,] 0.934570922 0.0448085703 0.0206205077
 [7,] 0.979490658 0.0140045709 0.0065047707
 [8,] 0.999547236 0.0003115527 0.0001412117
 [9,] 0.930376026 0.0477206324 0.0219033420
[10,] 0.982721838 0.0119363182 0.0053418439
[11,] 0.968040923 0.0217577753 0.0102013018
[12,] 0.992136600 0.0054321973 0.0024312023
[13,] 0.970638460 0.0201839493 0.0091775909
[14,] 0.922966474 0.0517966675 0.0252368585
[15,] 0.889755281 0.0726119584 0.0376327603
[16,] 0.841339798 0.1043526293 0.0543075725
[17,] 0.946923379 0.0355805082 0.0174961132
[18,] 0.996652682 0.0022885250 0.0010587927
[19,] 0.904130899 0.0655599590 0.0303091423
[20,] 0.979188234 0.0141579180 0.0066538478
...
[131,] 0.019785664 0.1074380046 0.8727763312
[132,] 0.050902247 0.1889836824 0.7601140702
[133,] 0.008954187 0.0848145950 0.9062312176
[134,] 0.023389370 0.5400881802 0.4365224498
[135,] 0.031182190 0.3926627258 0.5761550847
[136,] 0.028660979 0.1317658493 0.8395731717
[137,] 0.017224871 0.1286753609 0.8540997684
[138,] 0.009780293 0.1100245651 0.8801951417
[139,] 0.021725820 0.7498049032 0.2284692770
[140,] 0.003488313 0.0289513662 0.9675603210
[141,] 0.005076956 0.0376725566 0.9572504872
```

```
[142,] 0.015399238 0.1294491591 0.8551516025
[143,] 0.029297301 0.6155055693 0.3551971299
[144,] 0.005250021 0.0337345741 0.9610154048
[145,] 0.009701055 0.0631749934 0.9271239514
[146,] 0.011259697 0.1063482072 0.8823920961
[147,] 0.025795992 0.5074231362 0.4667808722
[148,] 0.012109692 0.1563603928 0.8315299155
[149,] 0.021579041 0.1889929058 0.7894280532
[150,] 0.026920096 0.5816808796 0.3913990239


Closest hard clustering:
  [1] 1 1 1 1 1 1 1 1 1 1 1 1 1 1 1 1 1 1 1 1 1 1 1 1 1 1 1 1 1 1 1 1 1 1 1 1
 [37] 1 1 1 1 1 1 1 1 1 1 1 1 1 1 3 2 3 2 2 2 2 2 2 2 2 2 2 2 2 2 2 2 2 2 2 2
 [73] 2 2 2 2 3 2 2 2 2 2 2 2 2 2 2 2 2 2 2 2 2 2 2 2 3 2 3 3 3 3 2 3 3 3 3 3
[109] 3 3 3 3 3 2 3 3 3 3 3 2 3 2 3 3 2 3 3 3 3 3 2 3 3 3 3 2 3 3 3 2 3 3 3 3
[145] 3 3 2 3 3 2


Available components:
[1] "centers"     "size"        "cluster"     "membership"  "iter"
[6] "withinerror" "call"
```

调用 table()函数显示聚类的结果，由以下结果可知，有 13 个 versicolor 聚类至 virginica，有 3 个 virginica 聚类至 versicolor。

```
# 混淆矩阵
> table(iris$Species, result$cluster)


              1   2   3
  setosa     50   0   0
  versicolor  0  47   3
  virginica   0  13  37
```

7.4 聚 类 指 标

在使用非监督式聚类算法时，需要事先确定聚类的数量，因此如何选择聚类的数量成为一个重要的问题。聚类指标可帮助评估聚类效果，并协助用户确定最佳的聚类数量。

[范例程序 7-4]

首先引用 NbClust 包和 iris 数据集：

```
> library(NbClust)
> data(iris)
```

由于是非监督式学习，因此不使用 iris 数据集中的目标属性（Species）：

```
> data <-iris[,-c(5)]
```

调用 NbClust() 函数，并设置参数 distance="euclidean"、聚类数量介于 min.nc=2 到 max.nc=6，方法为 method= "kmeans"，并指定 index = "all" 以计算所有指标：

```
> NbClust(data, distance = "euclidean", min.nc=2, max.nc=6, method = "kmeans",
index = "all")
*** : The Hubert index is a graphical method of determining the number of clusters.
In the plot of Hubert index, we seek a significant knee that corresponds to a
significant increase of the value of the measure i.e the significant peak in Hubert
index second differences plot.

*** : The D index is a graphical method of determining the number of clusters.
In the plot of D index, we seek a significant knee (the significant peak in Dindex
second differences plot) that corresponds to a significant increase of the value
of the measure.

All 150 observations were used.

*******************************************************************
* Among all indices:
* 8 proposed 2 as the best number of clusters
* 11 proposed 3 as the best number of clusters
* 1 proposed 4 as the best number of clusters
* 2 proposed 5 as the best number of clusters
* 3 proposed 6 as the best number of clusters

                   ***** Conclusion *****

* According to the majority rule, the best number of clusters is  3


*******************************************************************
$All.index
1    KL      CH Hartigan    CCC    Scott  Marriot    TrCovW   TraceW
2 5.9068 513.9245 137.9491 35.9428 1044.605 467371.6 1045.9696 152.3480
3 12.4890 561.6278  15.2384 37.6701 1246.668 273408.6  248.9814  78.8514
```

```
4  9.7643 530.7658  20.5286 36.4682 1359.280 229428.4 173.8973  57.2285
5  0.8290 495.5415  -3.5725 35.2758 1465.533 176536.0 117.4449  46.4462
6 17.4419 441.7370  16.2762 33.6090 1527.121 168608.2  75.9611  41.7044
1   Friedman    Rubin Cindex     DB Silhouette   Duda Pseudot2    Beale
2  732.8086  62.6152 0.2728 0.4744     0.6810 0.3153 186.7726   5.1885
3  801.6490 120.9780 0.3450 0.7256     0.5528 0.6779  27.5617   1.1284
4  874.3981 166.6878 0.3211 0.8436     0.4981 0.4309  63.3980   3.0858
5  989.3862 205.3837 0.2979 0.8571     0.4887 1.8245 -29.8255  -1.0623
6 1087.4777 228.7357 0.2850 0.9427     0.4841 2.3936 -19.7954  -1.3275
1  Ratkowsky    Ball Ptbiserial     Frey McClain   Dunn Hubert SDindex Dindex
2     0.5462 76.1740     0.8345   1.7571  0.2723 0.0765 0.0019  0.9995 0.8556
3     0.4967 26.2838     0.7146 -20.7325  0.5255 0.0988 0.0021  1.5740 0.6480
4     0.4413 14.3071     0.6361   5.5984  0.7120 0.1365 0.0021  2.3932 0.5574
5     0.3997  9.2892     0.6148  -4.4141  0.7671 0.0823 0.0022  2.7979 0.5097
6     0.3682  6.9507     0.5679   0.8351  0.9164 0.1089 0.0022  4.3487 0.4783
1   SDbw
2 0.1618
3 0.2257
4 0.3186
5 0.0538
6 0.0469


$All.CriticalValues
1 CritValue_Duda CritValue_PseudoT2 Fvalue_Beale
2         0.6357            49.2854       0.0004
3         0.5842            41.2743       0.3437
4         0.4837            51.2421       0.0185
5         0.5173            61.5845       1.0000
6         0.3773            56.1121       1.0000


$Best.nc
                    KL      CH Hartigan      CCC   Scott  Marriot   TrCovW
Number_clusters 6.0000  3.0000   3.0000   3.0000  3.0000      3.0   3.0000
Value_Index    17.4419 561.6278 122.7107 37.6701 202.0631 149982.9 796.9882
                 TraceW Friedman    Rubin Cindex      DB Silhouette   Duda
Number_clusters 3.0000    5.000   5.0000 2.0000  2.0000      2.000 3.0000
Value_Index    51.8735  114.988 -15.3439 0.2728  0.4744      0.681 0.6779
                PseudoT2  Beale Ratkowsky    Ball PtBiserial   Frey McClain
Number_clusters  3.0000 3.0000    2.0000  3.0000     2.0000 2.0000  2.0000
Value_Index     27.5617 1.1284    0.5462 49.8902     0.8345 1.7571  0.2723
                  Dunn Hubert SDindex Dindex   SDbw
```

```
Number_clusters 4.0000      0 2.0000      0 6.0000
Value_Index      0.1365     0 0.9995      0 0.0469


$Best.partition
  [1] 1 1 1 1 1 1 1 1 1 1 1 1 1 1 1 1 1 1 1 1 1 1 1 1 1 1 1 1 1 1 1 1 1 1 1 1
 [37] 1 1 1 1 1 1 1 1 1 1 1 1 1 1 1 1 2 2 3 2 2 2 2 2 2 2 2 2 2 2 2 2 2 2 2 2
 [73] 2 2 2 2 2 3 2 2 2 2 2 2 2 2 2 2 2 2 2 2 2 2 2 2 2 2 3 2 3 3 3 3 3 2 3
[109] 3 3 3 3 3 2 2 3 3 3 3 2 3 2 3 2 3 3 2 2 3 3 3 3 3 2 3 3 3 3 3 2 3 3 3 3
[145] 3 3 2 3 3 2
```

通过以上数据显示，共有 11 种聚类指标表示使用 3 簇是最佳的聚类数量。

7.5　习　　题

调用 kmeans()函数将 insurance.csv 数据聚成 3 类并找出簇心。

## 第 8 章

演化式学习

演化式学习是指通过模拟自然界演化过程建立的学习模型，通常将这些模型统称为演化式算法。本章将介绍常用的演化式算法，包含遗传算法和人工蜂群算法。

8.1 遗 传 算 法

Holland 等人于 1975 年提出了遗传算法的基本理论，其核心思想是模仿自然界中物竞天择、优胜劣汰的自然进化法则。具体而言，遗传算法通过选择适应环境较强的亲代（Parents Generation），并随机交叉其基因信息，以产生更优秀的子代（Offspring Generation）。经过筛选（Selection），保留适应力最强的物种，继续交叉、繁衍并筛选，经过多代演化，最终得到最适应外部环境的物种。

遗传算法的基本运行机制包括复制（Reproduction）、交叉（Crossover）和突变（Mutation）。该算法通过编码将问题转换为染色体（个体）结构上，并使用适应函数（Fitness Function）来评估（Evaluation）解答的优劣。通过复制、交叉和突变等运行机制产生新的染色体（Chromosome），并取代（Replace）在种群中表现不佳的染色体。演化学习的过程是一个不断评估和筛选的过程，最终适应函数最佳的染色体，并将其保留至下一代（Generation），并继续演化，直至满足条件为止。遗传算法的基本概念如下：

（1）将问题通过编码方式对应到一个解（Solution），在遗传算法中称为染色体或个体（Individual）。

（2）利用并行搜索的概念，产生多组染色体进行随机搜索，这些染色体组成了种群（Population）。

（3）根据染色体的适应函数值来评估解的优劣。

（4）通过演化复制过程，利用随机的方式将上一代的部分基因移转到下一代身上，创造出不同于上一代的新染色体，这就是基因的运行机制。

遗传算法的流程图如图 8-1 所示。

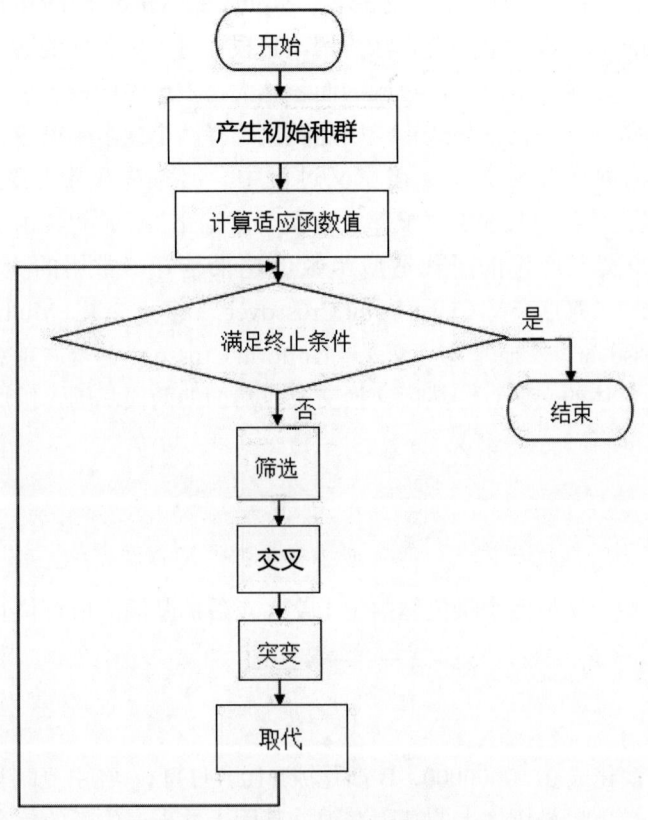

图 8-1　遗传算法的流程图

遗传算法求解的第一个步骤是产生初始种群。在使用二进制遗传算法时，可以将要优化求解的问题参数编码为一定长度的二进制字符串，例如：

```
0110101101
1100011000
```

若解为实数，则可使用公式（8-1）将二进制数转换为实数：

$$x=\text{B2D}*(UB-LB)/(2^L-1)+LB \tag{8-1}$$

在公式（8-1）中：

- x：表示输出的实数值。
- B2D：表示将二进制数转换为十进制数。
- UB：表示上界。

- *LB*: 表示下界。
- *L*: 表示二进制数的字符串长度。

遗传算法有 3 种主要的操作：复制、交叉和突变。首先，在进行复制运算前，必须先进行筛选。筛选的方法有多种，例如轮盘赌选择法（Roulette Wheel Selection）和锦标赛选择法（Tournament Selection）。以轮盘赌选择法为例，它根据每个染色体的适应函数值决定该染色体在轮盘上的面积，适应函数值越大，对应的面积越大，被选中的概率也越大。被选中的染色体将进入交叉池，等待交叉。锦标赛选择法则是随机选择两个或多个染色体，具有最大适应函数值的染色体即被选中送入交叉池。在交叉过程中，必须先确定交叉的概率（Crossover Probability）。每对染色体都将按照交叉概率决定是否进行交叉，希望经由交叉过程能持续累积优秀的染色体，使得交叉产生的子代适应函数值越来越好。常用的交叉方法有单点交叉（One-Point Crossover）、双点交叉（Two-Point Crossover）、多点交叉（Multi-point Crossover）、掩码交叉（Mask Crossover）及概率均等交叉（Uniform Crossover）等。单点交叉的过程是在种群内随机选取两个染色体的交叉点，然后交换交叉点后面的两段基因，组成两个新的基因字符串。假设算法选择 A 的第 5 位为交叉点：

```
A = 0110011111
B = 1100100000
```

交叉点选择完毕后，交换两个染色体中位于交叉点后的基因（所有位互换），结果如下：

```
A = 0110000000
B = 1100111111
```

交叉完成后，A 演化成 0110000000，B 演化成 1100111111。经由复制与交叉，可以产生许多不同的新染色体，单就以染色体上的基因来说，基因上并未产生新的信息。因此，希望能通过某些方式使基因产生新的信息，这种方式就是突变。与交叉过程类似，突变过程也需要设置一个突变概率（Mutation Probability）。简单的突变方式是任意选取染色体中的某一基因，并将该基因位点的值取反，例如：

```
A = 010000000
```

假设算法选择 A 的第 8 位作为突变点，则：

```
A = 010000000 → A = 000000000
```

突变完成后，A 从 010000000 突变为 000000000。在染色体的更新过程中，通常采用精英策略，目的是将旧种群中适应函数值最佳者与前几名的染色体存留下来，而将其余的染色体用子代的新染色体取代，形成新的种群。例如，当精英政策设置为 0.6 时，表示前 60%的亲代染色体会被保留下来（来自前一代种群中适应度最好的前 60%的染色体），其余 40%则由表现较佳的子代染色体替代，成为新的种群。每一代都会重复这一过程，不断更新种群中的染色体，并通过精英策略保留表现较佳的染色体，直到满足终止条件为止。

[范例程序 8-1]

首先引用 GA 包：

```
> library("GA")
```

本范例中，求解 $\text{Max}.f(x)=25-x*x$，$-5 \leqslant x \leqslant 5$：

```
> f <- function(x)  25-x*x
> min <- -5
> max <- +5
```

调用 curve()函数绘出 $f(x)=25-x*x$，$-5 \leqslant x \leqslant 5$ 函数的图像，如图 8-2 所示。

```
# f(x)=25-x*x
> curve(f, min, max)
```

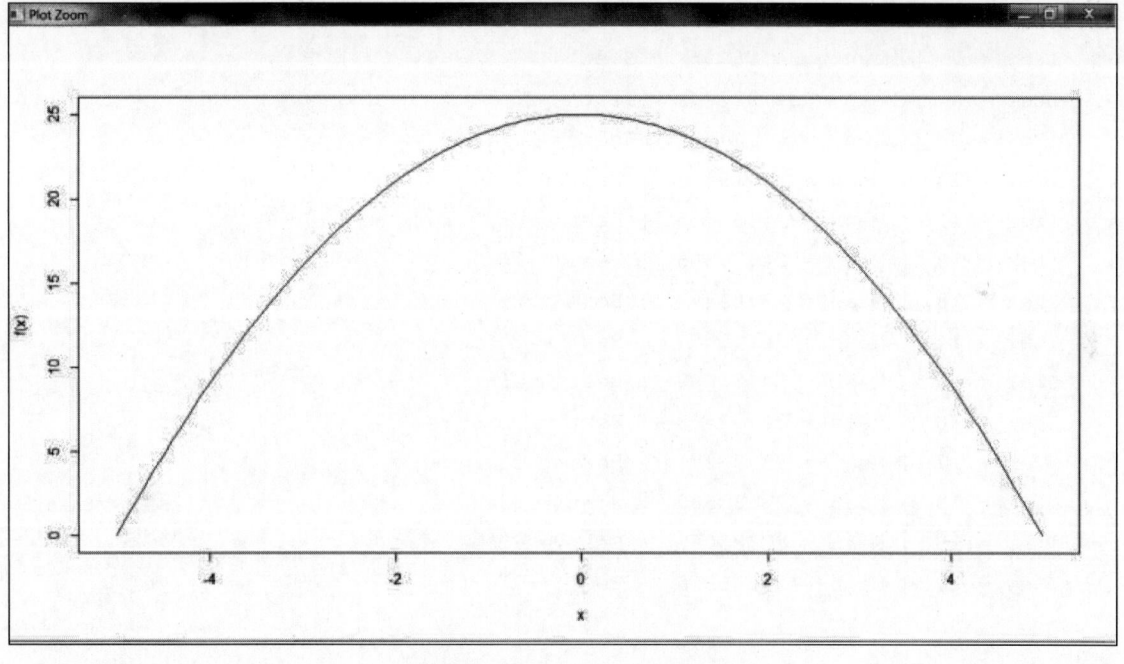

图 8-2　$f(x)=25-x*x$ 图

设置适应函数为 $f(x)$：

```
> fitness <- function(x) f(x)
```

调用 ga()函数，并设置参数 popSize=50、pcrossover=0.8、pmutation=0.1、elitism=10、monitor=gaMonitor、maxiter=100，最优解为 $f(x)=25$。

```
# 调用ga()函数，迭代数=100
> GA <- ga(type="real-valued",
```

```
+ fitness=fitness,
+ min=min,
+ max=max,
+ popSize = 50,
+ pcrossover = 0.8,
+ pmutation = 0.1,
+ elitism = 10,
+ monitor = gaMonitor,
+ maxiter = 100)

Iter = 1  | Mean = 16.75026 | Best = 24.99012
Iter = 2  | Mean = 22.87244 | Best = 24.99869
Iter = 3  | Mean = 23.82392 | Best = 24.99869
Iter = 4  | Mean = 23.77883 | Best = 24.99869
Iter = 5  | Mean = 23.25862 | Best = 24.99999
Iter = 6  | Mean = 23.89032 | Best = 24.99999
Iter = 7  | Mean = 24.16965 | Best = 24.99999
Iter = 8  | Mean = 24.31778 | Best = 25
Iter = 9  | Mean = 24.04458 | Best = 25
Iter = 10 | Mean = 24.19527 | Best = 25
Iter = 11 | Mean = 24.66865 | Best = 25
Iter = 12 | Mean = 24.76368 | Best = 25
Iter = 13 | Mean = 23.61497 | Best = 25
Iter = 14 | Mean = 24.51597 | Best = 25
Iter = 15 | Mean = 24.84668 | Best = 25
Iter = 16 | Mean = 24.70468 | Best = 25
Iter = 17 | Mean = 23.72271 | Best = 25
Iter = 18 | Mean = 23.83589 | Best = 25
Iter = 19 | Mean = 23.83062 | Best = 25
Iter = 20 | Mean = 24.88215 | Best = 25

...
Iter = 81 | Mean = 24.5327  | Best = 25
Iter = 82 | Mean = 22.67488 | Best = 25
Iter = 83 | Mean = 24.0043  | Best = 25
Iter = 84 | Mean = 23.64904 | Best = 25
Iter = 85 | Mean = 24.47736 | Best = 25
Iter = 86 | Mean = 23.67569 | Best = 25
Iter = 87 | Mean = 23.31366 | Best = 25
Iter = 88 | Mean = 23.93136 | Best = 25
Iter = 89 | Mean = 23.81057 | Best = 25
```

```
Iter = 90  | Mean = 23.2838  | Best = 25
Iter = 91  | Mean = 24.3743  | Best = 25
Iter = 92  | Mean = 24.27372 | Best = 25
Iter = 93  | Mean = 22.63764 | Best = 25
Iter = 94  | Mean = 23.6324  | Best = 25
Iter = 95  | Mean = 24.77453 | Best = 25
Iter = 96  | Mean = 24.48018 | Best = 25
Iter = 97  | Mean = 23.78382 | Best = 25
Iter = 98  | Mean = 23.28074 | Best = 25
Iter = 99  | Mean = 23.29128 | Best = 25
Iter = 100 | Mean = 24.03805 | Best = 25
```

调用 plot()函数绘制遗传算法，运行结果如图 8-3 所示。

```
> plot(GA)
```

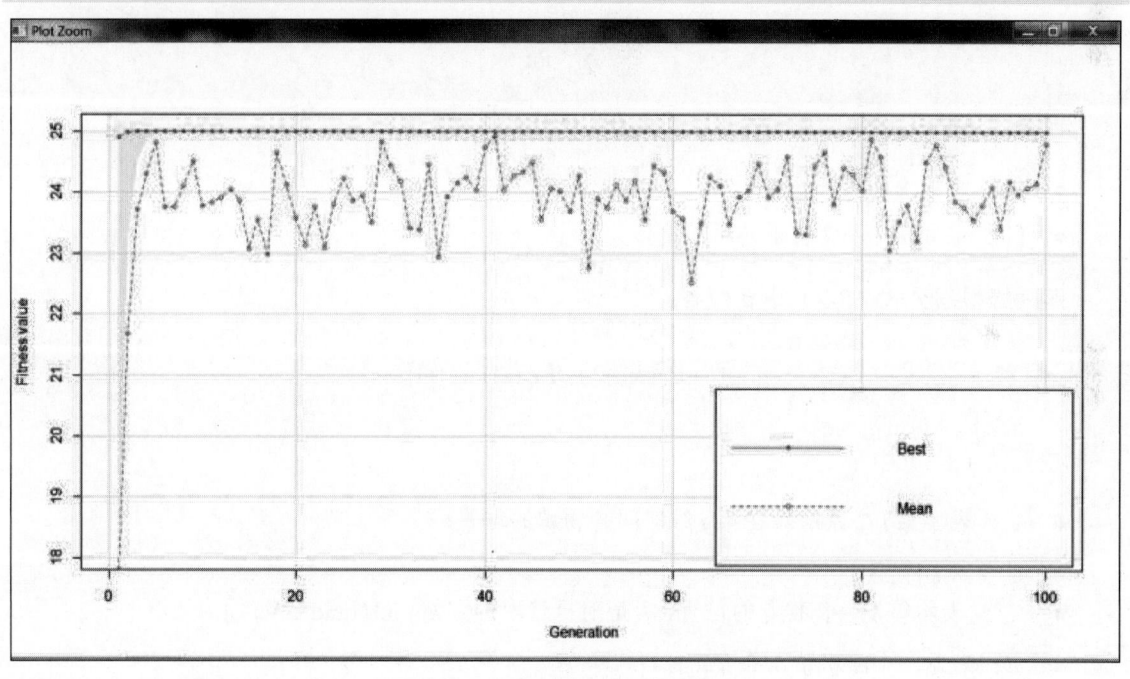

图 8-3　绘制遗传算法的运行结果

8.2　人工蜂群算法

人工蜂群算法（Artificial Bee Colony，ABC）是建立在蜜蜂群体智慧的基础上，其核心由觅食蜂（The Employed Bee）、跟随蜂（The Onlooker Bee）、侦察蜂（The Scout）以及食物源（Sources）组成。蜜蜂对食物源的搜索过程可以分为 3 步：

（1）觅食蜂发现食物源并记录下花蜜的数量。

（2）跟随蜂根据觅食蜂提供的花蜜信息选择去哪个食物源采蜜。

（3）侦察蜂随机搜索蜂巢附近的食物源，以寻找新的食物源。在人工蜂群算法中，食物源相当于优化问题中解的位置，食物源（解）的价值由适应度（Fitness）值来表示。当某个解经过有限次循环后没有得到改善，意味着该解可能陷入局部最优解，此时对应的食物源将被放弃。放弃该食物源的觅食蜂将变为侦察蜂，并随机搜索一个新的食物源。

Karaboga 提出了人工蜂群算法，并成功应用于函数数值优化问题。在人工蜂群算法中，人工蜂群的一半由觅食蜂构成，另一半由跟随蜂构成。每个食物源仅有一只觅食蜂，也就是说，食物源和觅食蜂的数量相等。觅食蜂存储了食物源的相关数据（如位置和花蜜数量等），并将这些信息以一定的概率与其他人工蜂分享。觅食蜂在蜂巢内将它们的信息通过舞蹈传递给跟随蜂，跟随蜂随机选择一个食物源并变为觅食蜂。在人工蜂群算法中，跟随蜂选择食物源的概率（P_i）如公式（8-2）所示：

$$P_i = \frac{\text{Fit}_i}{\sum_{i=1}^{SN} \text{Fit}_i} \tag{8-2}$$

在公式（8-2）中：

- SN：表示食物源的数量。
- Fit_i：表示第 i 个食物源的适应度值。

跟随蜂根据公式（8-3）更新位置：

$$v_{ij}(t+1) = x_{ij}(t) + \phi\left(x_{ij}(t) - x_{kj}(t)\right) \tag{8-3}$$

在公式（8-3）中：

- v_{ij}：表示第 i 个跟随蜂在第 j 维空间食物源的位置。
- t：表示迭代数。
- x_{kj}：表示第 k 个食物源的位置，k 是随机选取的，$k = \text{int}(\text{rand}*SN) + 1$。
- ϕ：表示一个随机值，介于[-1, 1]。

侦察蜂随机搜索一个新的食物源时，根据公式（8-4）更新位置：

$$x_{ij} = x_{\min}^j + \gamma *\left(x_{\max}^j - x_{\min}^j\right) \tag{8-4}$$

在公式（8-4）中：

- γ：表示一个介于[0,1]的随机值。
- $x_{\min}^j$：表示位于 j 维空间食物源位置的下界。
- $x_{\max}^j$：表示位于 j 维空间食物源位置的上界。

[范例程序 8-2]

首先引用 ABCoptim 包：

```
> library(ABCoptim)
```

在本范例中，求解 $\text{Min.} f(x) = -\cos x_1 * \cos x_2 * \exp\left(-\left((x_1 - \pi)^2 + (x_2 - \pi)^2\right)\right)$：

```
#f(x)=-cosx₁*cosx₂*exp(-((x₁-π)²+(x₂-π)²))
> fun <- function(x) {
+   -cos(x[1])*cos(x[2])*exp(-((x[1] - pi)^2 + (x[2] - pi)^2))
+ }
```

调用 abc_optim()函数并设置参数，调用 rep(0, 2)函数产生初始值为(0, 0)，解的范围为 $-20 \leqslant x_1, x_2 \leqslant 20$，迭代次数 criter=1000：

```
# 调用abc_optim()函数
> abc_optim(rep(0,2), fun, lb=-20, ub=20, criter=1000)
$par
[1] 3.141593 3.141593

$value
[1] -1

$counts
function
   1000
```

由以上结果可知，$x_1, x_2 = 3.141593$ 时，$f(x) = -1$。

[范例程序 8-3]

首先引用 ABCoptim 包：

```
> library(ABCoptim)
```

在本范例中，求解 $\text{Min.} f(x) = 10 * \sin(0.3 * x) * \sin(1.3 * x^2) + 0.00001 * x^4 + 0.2 * x + 80$：

```
# 设置f(x)
> fw <- function (x)
+   10*sin(0.3*x)*sin(1.3*x^2) + 0.00001*x^4 + 0.2*x+80
```

调用 abc_optim()函数并设置参数，产生初始值为 50，解的范围为 $-100 \leqslant x_1, x_2 \leqslant 100$，迭

代次数 criter=1000：

```
# 调用abc_optim()函数
> abc_optim(50, fw, lb=-100, ub=100, criter=1000)
$par
[1] -15.81515

$value
[1] 67.46773

$counts
function
    1000
```

由以上结果可知，当 $x = -15.81515$ 时，$f(x) = 67.46773$。

## 第 9 章

混合式学习

混合式学习是指结合两种或以上学习方法的优点，以提升单一学习法的性能或效率。

9.1 人工蜂群算法混合决策树

在使用 C5.0 决策树时，最少案例数量（minCases）和剪枝树置信水平（Confidence Level，CF）这两个参数在面对各种不同问题时会有不同的最佳参数组合。因此，可以使用人工蜂群算法调整决策树的参数，从而获得更好的分类准确率。

[范例程序 9-1]

首先，引用 C50 和 ABCoptim 包：

```
> library(C50)
> library(ABCoptim)
```

建立自定义函数 test.error()，该函数的输入参数 xx[1]为 CF 值（1≤CF≤100）、xx[2]为 minCases 值（minCases≥2），输出值为测试数据的错误率。在本范例中，使用 best_CF、best_minCases 和 min_error 来记录最佳的 CF、minCases 和测试数据的最小错误率。注意，必须使用 "<-" 符号才能改变自定义函数外部对象的值。

```
# 自定义函数
> test.error <- function(xx){
+    c <- C5.0Control(subset = FALSE,
+            bands = 0,
+            winnow = FALSE,
```

```
+           noGlobalPruning = FALSE,
+           CF = xx[1]/100,
+           minCases = floor(xx[2]),
+           fuzzyThreshold = FALSE,
+           sample = 0,          # for holdout
+           seed = sample.int(4096, size = 1) - 1L,
+           earlyStopping = TRUE
+  )
+
+  treeModel <- C5.0(x = iris.train[, -5], y = iris.train$Species,control =c)
+  summary(treeModel)
+
+  test.output <- predict(treeModel, iris.test[, -5], type = "class")
+
+  n=length(test.output)
+  number=0
+  for( i in 1:n)
+  {
+    if (test.output[i] != iris.test[i,5])
+    {
+      number=number+1            # Error
+    }
+  }
+
+  error_value <- number/n*100
+
+  if (start_index == TRUE)
+  {
+    best_CF <<- c$CF          # Keep best global parameters
+    best_minCases <<- c$minCases
+    min_error <<- error_value
+  }
+
+  if (error_value < min_error )
+  {
+    best_CF <<- c$CF            # Keep best global parameters
+    best_minCases <<- c$minCases
+    min_error <<- error_value
+  }
+
+  error=error_value
```

```
+    return(error)
+ }
```

在主程序中，使用 iris 数据集：

```
>############################################################
> #  Main program
>############################################################
> data(iris)
```

使用 50%作为测试数据：

```
> np = ceiling(0.5*nrow(iris))
> np
[1] 75
```

区分测试数据 iris.test 和训练数据 iris.train：

```
> iris.test = iris[1:np,]
> iris.train = iris[np+1:nrow(iris),]
```

先以初始值 CF=85%、minCases=25 运行 C5.0 决策树，并返回分类错误率为 68%：

```
# 设置全局变量(Global value)
> start_index <<- TRUE
> xx=c(85,2)                          # 初始值
> test.error(xx)
[1] 68
```

接着调用 abc_optim()函数，使用相同初始值，解的范围为 2≤CF，minCases≤100，最大迭代次数 maxCycle=10。运行后分类错误率从 68%降至 66.66667%。

```
> start_index <<- FALSE       # Global value
> abc_optim(xx,test.error,lb=2, ub=100, maxCycle=10)
$par
[1] 32.26316 32.26316

$value
[1] 66.66667

$counts
function
     10
> accuracy=100-min_error
> accuracy
```

```
[1] 33.33333
```

9.2　遗传算法混合人工神经网络

为了获得更优的模型性能，可以采用遗传算法对人工神经网络的参数进行优化调整。在相关实现中，提供了 ANNGA() 函数及其示例代码，用于演示如何结合遗传算法优化神经网络的结构与权重参数。

[范例程序 9-2]

```
> data("dataANN")

> 调用ANNGA()函数，maxGen =100
> ANNGA(x =input,
+ y =output,
+ design =c(1, 3, 1),
+ population =100,
+ mutation = 0.3,
+ crossover = 0.7,
+ maxGen =100,
+ error =0.001)

***cycle***
Generation: 1 Best population fitness : 0.05981754 Mean of
population:0.25887034
  Best chromosome->-20.36/13.89/1.50/-23.98/-9.71/9.35/15.48/-14.58/0.68/
-15.66/

***cycle***
 Generation: 2 Best population fitness : 0.03989556 Mean of population:
0.23688910
  Best chromosome->32.96/18.16/-2.28/-30.37/3.01/-16.76/0.88/21.82/13.42/
-1.07/

***cycle***
 Generation: 3 Best population fitness : 0.03989556 Mean of population:
0.22232952
  Best chromosome->32.96/18.16/-2.28/-30.37/3.01/-16.76/0.88/21.82/13.42/
-1.07/
```

```
   ***cycle***
   Generation:  4  Best population fitness : 0.03880315 Mean of population:
0.20310358
     Best chromosome->-0.51/15.81/18.32/15.46/-16.12/-6.78/3.00/8.42/35.82/
-11.58/


   ***cycle***
   Generation:  5  Best population fitness : 0.03880315 Mean of population:
0.18924708
     Best chromosome->-0.51/15.81/18.32/15.46/-16.12/-6.78/3.00/8.42/35.82/
-11.58/


   ***cycle***
   Generation:  6  Best population fitness : 0.03789907 Mean of population:
0.17406013
     Best chromosome->-23.55/-25.39/8.95/14.06/19.25/11.80/-9.81/-2.75/17.90/
-15.04/


   ***cycle***
   Generation:  7  Best population fitness : 0.03789907 Mean of population:
0.16399078
     Best chromosome->-23.55/-25.39/8.95/14.06/19.25/11.80/-9.81/-2.75/17.90/
-15.04/


   ***cycle***
   Generation:  8  Best population fitness : 0.03789907 Mean of population:
0.15730231
     Best chromosome->-23.55/-25.39/8.95/14.06/19.25/11.80/-9.81/-2.75/17.90/
-15.04/


   ***cycle***
   Generation:  9  Best population fitness : 0.03789907 Mean of population:
0.14605940
     Best chromosome->-23.55/-25.39/8.95/14.06/19.25/11.80/-9.81/-2.75/17.90/
-15.04/


   ***cycle***
   Generation:  10  Best population fitness : 0.03789907 Mean of population:
0.13908024
     Best chromosome->-23.55/-25.39/8.95/14.06/19.25/11.80/-9.81/-2.75/17.90/
-15.04/
```

```
   ***cycle***
   Generation:  11  Best population fitness : 0.03789907 Mean of population:
0.13207254
    Best chromosome->-23.55/-25.39/8.95/14.06/19.25/11.80/-9.81/-2.75/17.90/
-15.04/


   ***cycle***
   Generation:  12  Best population fitness : 0.03789907 Mean of population:
0.12698297
    Best chromosome->-23.55/-25.39/8.95/14.06/19.25/11.80/-9.81/-2.75/17.90/
-15.04/


   ***cycle***
   Generation:  13  Best population fitness : 0.03789907 Mean of population:
0.12094905
    Best chromosome->-23.55/-25.39/8.95/14.06/19.25/11.80/-9.81/-2.75/17.90/
-15.04/


   ***cycle***
   Generation:  14  Best population fitness : 0.03789907 Mean of population:
0.11631263
    Best chromosome->-23.55/-25.39/8.95/14.06/19.25/11.80/-9.81/-2.75/17.90/
-15.04/


   ***cycle***
   Generation:  15  Best population fitness : 0.03697816 Mean of population:
0.11132284
    Best chromosome->14.83/-15.09/34.34/8.66/-7.20/-20.87/-4.18/0.87/-5.00/
-0.78/


   ***cycle***
   Generation:  16  Best population fitness : 0.03647556 Mean of population:
0.10676000
    Best chromosome->14.35/-15.80/-1.29/-13.05/10.05/-20.28/-4.23/21.93/-0.11/
-0.03/


   ***cycle***
   Generation:  17  Best population fitness : 0.03647556 Mean of population:
0.10152121
    Best chromosome->14.35/-15.80/-1.29/-13.05/10.05/-20.28/-4.23/21.93/-0.11/
```

```
-0.03/


   ***cycle***
   Generation:  18  Best population fitness : 0.03647556 Mean of population:
0.09759118
    Best chromosome->14.35/-15.80/-1.29/-13.05/10.05/-20.28/-4.23/21.93/-0.11/
-0.03/


   ***cycle***
   Generation:  19  Best population fitness : 0.03647556 Mean of population:
0.09328037
    Best chromosome->14.35/-15.80/-1.29/-13.05/10.05/-20.28/-4.23/21.93/-0.11/
-0.03/


   ***cycle***
   Generation:  20  Best population fitness : 0.03647556 Mean of population:
0.09093867
    Best chromosome->14.35/-15.80/-1.29/-13.05/10.05/-20.28/-4.23/21.93/-0.11/
-0.03/


   ...
   ***cycle***
   Generation:  81  Best population fitness : 0.02301687 Mean of population:
0.03402732
    Best chromosome->27.32/-31.84/-3.00/-57.12/24.88/-16.14/-1.14/39.73/-1.15/
0.18/


   ***cycle***
   Generation:  82  Best population fitness : 0.02301687 Mean of population:
0.03390054
    Best chromosome->27.32/-31.84/-3.00/-57.12/24.88/-16.14/-1.14/39.73/-1.15/
0.18/


   ***cycle***
   Generation:  83  Best population fitness : 0.02301687 Mean of population:
0.03387266
    Best chromosome->27.32/-31.84/-3.00/-57.12/24.88/-16.14/-1.14/39.73/-1.15/
0.18/


   ***cycle***
   Generation:  84  Best population fitness : 0.02301687 Mean of population:
```

0.03376543

    Best chromosome->27.32/-31.84/-3.00/-57.12/24.88/-16.14/-1.14/39.73/-1.15/
0.18/

    cycle
    Generation: 85 Best population fitness : 0.02301687 Mean of population:
0.03370612
     Best chromosome->27.32/-31.84/-3.00/-57.12/24.88/-16.14/-1.14/39.73/-1.15/
0.18/

    cycle
    Generation: 86 Best population fitness : 0.02301687 Mean of population:
0.03360450
     Best chromosome->27.32/-31.84/-3.00/-57.12/24.88/-16.14/-1.14/39.73/-1.15/
0.18/

    cycle
    Generation: 87 Best population fitness : 0.02301687 Mean of population:
0.03355560
     Best chromosome->27.32/-31.84/-3.00/-57.12/24.88/-16.14/-1.14/39.73/-1.15/
0.18/

    cycle
    Generation: 88 Best population fitness : 0.02301687 Mean of population:
0.03331063
     Best chromosome->27.32/-31.84/-3.00/-57.12/24.88/-16.14/-1.14/39.73/-1.15/
0.18/

    cycle
    Generation: 89 Best population fitness : 0.02301687 Mean of population:
0.03308697
     Best chromosome->27.32/-31.84/-3.00/-57.12/24.88/-16.14/-1.14/39.73/-1.15/
0.18/

    cycle
    Generation: 90 Best population fitness : 0.02301687 Mean of population:
0.03299376
     Best chromosome->27.32/-31.84/-3.00/-57.12/24.88/-16.14/-1.14/39.73/-1.15/
0.18/

    cycle

```
    Generation:  91  Best population fitness : 0.02301687 Mean of population:
0.03280551
    Best chromosome->27.32/-31.84/-3.00/-57.12/24.88/-16.14/-1.14/39.73/-1.15/
0.18/


    ***cycle***
    Generation:  92  Best population fitness : 0.02152323 Mean of population:
0.03267332
    Best chromosome->27.32/-41.85/4.38/-14.27/24.88/-14.09/-9.88/39.73/-1.15/
0.18/


    ***cycle***
    Generation:  93  Best population fitness : 0.02152323 Mean of population:
0.03265421
    Best chromosome->27.32/-41.85/4.38/-14.27/24.88/-14.09/-9.88/39.73/-1.15/
0.18/


    ***cycle***
    Generation:  94  Best population fitness : 0.02152323 Mean of population:
0.03250503
    Best chromosome->27.32/-41.85/4.38/-14.27/24.88/-14.09/-9.88/39.73/-1.15/
0.18/


    ***cycle***
    Generation:  95  Best population fitness : 0.02152323 Mean of population:
0.03202693
    Best chromosome->27.32/-41.85/4.38/-14.27/24.88/-14.09/-9.88/39.73/-1.15/
0.18/


    ***cycle***
    Generation:  96  Best population fitness : 0.02002237 Mean of population:
0.03194529
    Best chromosome->0.29/-5.15/3.81/-11.03/17.01/-9.38/21.15/5.84/-0.76/0.17/


    ***cycle***
    Generation:  97  Best population fitness : 0.02002237 Mean of population:
0.03192516
    Best chromosome->0.29/-5.15/3.81/-11.03/17.01/-9.38/21.15/5.84/-0.76/0.17/


    ***cycle***
    Generation:  98  Best population fitness : 0.02002237 Mean of population:
```

```
0.03178475
    Best chromosome->0.29/-5.15/3.81/-11.03/17.01/-9.38/21.15/5.84/-0.76/0.17/

    ***cycle***
    Generation:  99  Best population fitness : 0.02002237 Mean of population:
0.03174589
    Best chromosome->0.29/-5.15/3.81/-11.03/17.01/-9.38/21.15/5.84/-0.76/0.17/

    ***cycle***
    Generation:  100  Best population fitness : 0.02002237 Mean of population:
0.03169513
    Best chromosome->0.29/-5.15/3.81/-11.03/17.01/-9.38/21.15/5.84/-0.76/0.17/

    Call:
    ANNGA.default(x = input, y = output, design = c(1, 3, 1), population = 100,
       mutation = 0.3, crossover = 0.7, maxGen = 100, error = 0.001)

    ***************************************************************
    Mean Squared Error--------------------------------> 0.02002237
    R2------------------------------------------------> 0.4627776
    Number of generation------------------------------> 101
    Weight range at initialization--------------------> [ 25 , -25 ]
    Weight range resulted from the optimisation------> [ 21.14924 , -11.02609 ]
    ***************************************************************
```

第10章

关联性规则

关联性规则最早是由 R.Agrawal 等人针对超市购物篮分析（Market Basket Analysis）问题提出的，其目的是发现超市的事务处理数据库中不同商品间的关联关系。关联性规则呈现了顾客购物的行为模式，结果可以作为经营决策、市场预测和制定销售策略的参考依据。以尿布和啤酒的购物篮为例：

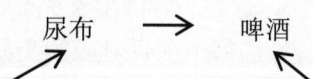

　　　左侧部分（Left-Hand Side，LHS）　　　右侧部分（Right-Hand Side，RHS）

此规则表示尿布和啤酒销售具有关联性。

　　假设总共有 N 笔交易，定义 supp（A）为购买项目 A 的支持度（Support），conf（A→B）为既购买项目 A 又购买项目 B 的置信度（Confidence）。支持度可用来判断规则的有效性，置信度用来判断在购买项目 A 的条件下，购买项目 B 的可能性，其值越高，规则就越具有参考价值。一个强关联性规则通常支持度和置信度值都高，但反过来，支持度和置信度值都高却不一定意味着事件之间就有高度的相关性。因此，还需检查提升度（Lift）是否大于 1。提升度大于 1 表示项目 A 与项目 B 之间有正向关系；提升度等于 1 表示项目 A 与项目 B 之间没有关系；提升度小于 1 表示项目 A 与项目 B 之间为负向关系。支持度、置信度和提升度的计算方法如下：

```
supp(A) = freq(A)/N
supp(A→B) = freq(A,B)/N
conf(A→B) = freq(A,B)/freq(A)
lift(A→B) = conf(A→B)/supp(B)
```

参数说明如下：

● freq(A)：表示购买项目 A 的交易数量。

- freq(A,B)：表示同时购买项目 A 和项目 B 的交易数量。

Apriori 算法是由 Agrawal 和 Srikant 在 1994 年提出的，目前是常用的关联性规则挖掘算法。Apriori 算法采用逐层搜索的迭代方法（Level-Wise Search），首先找出满足最小支持度的频繁项目集（Frequent Itemsets），再以最小置信度为条件，计算频繁项目集所形成的关联性规则。当 Apriori 算法找出满足用户指定的最小支持度（Minimum Support）和最小置信度（Minimum Confidence）的关联性规则时，该规则才被认为有效。Apriori 算法的步骤如下：

步骤01 找出频繁项目集（Frequent Itemset）L_1。

重复 **步骤02** 和 **步骤03** 直到没有新的频繁项目集产生（$k \geqslant 1$）。

步骤02 取得长度为 $k+1$ 的候选项目集（Candidate Itemset）C_{k+1}。

- 组合（Join）：将 L_k 中的项目集两两组合为 C'_{k+1}。
- 剪枝（Prune）：修剪子集合不属于 L_k 的候选项目集 C'_{k+1}，得到长度为 $k+1$ 的候选项目集 C_{k+1}。

步骤03 找出长度为 $k+1$ 的频繁项目集 L_{k+1}。

- 计数（Count）：计算剪枝后候选项目集 C_{k+1} 的支持度。
- 删除（Delete）：删除支持度未达到最小支持度的候选项目集 C_{k+1}，产生长度为 $k+1$ 的频繁项目集 L_{k+1}。

步骤04 由频繁项目集产生关联性规则。

2000 年，Zaki 提出了 Eclat 算法，这是一种深度优先算法。它的具体做法是将事务处理数据库中的项目（Item）作为键（Key），每个项目对应的交易编号（TID）作为值（Value）。Eclat 算法如图 10-1 所示。

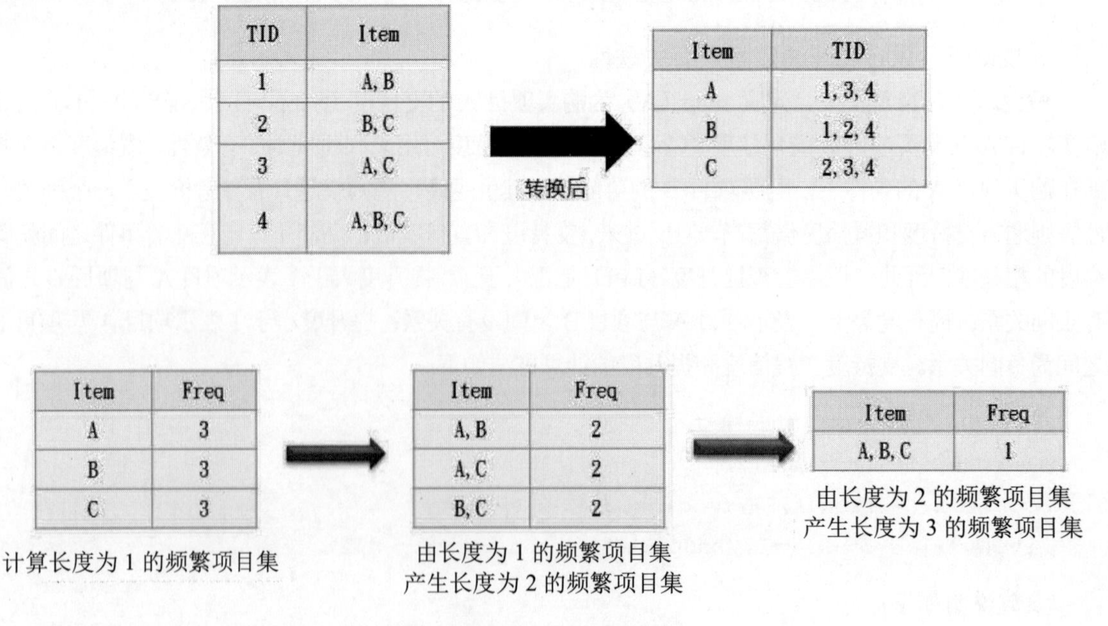

图 10-1　Eclat 算法

10.1 产生关联性规则并排序

[范例程序 10-1]

首先，引用 arules 包：

```
> library(arules)
```

引用 Adult 数据集：

```
> data("Adult")
```

设置支持度=0.5、置信度=0.9，并且不显示运行过程的相关信息（verbose=F）：

```
# 调用apriori()函数
> rules <- apriori(Adult,parameter = list(supp = 0.5, conf =
0.9),control=list(verbose=F))
```

将 52 条关联性规则按置信度大小排序并显示出来：

```
# 关联性规则按置信度大小排序
> rules.sorted=sort(rules,by="confidence")
> inspect(rules.sorted)
```

	lhs	rhs	support	confidence	lift
1	{hours-per-week=Full-time}	=> {capital-loss=None}	0.5606650	0.9582531	1.0052191
2	{workclass=Private}	=> {capital-loss=None}	0.6639982	0.9564974	1.0033773
3	{workclass=Private, native-country=United-States}	=> {capital-loss=None}	0.5897179	0.9554818	1.0023119
4	{capital-gain=None, hours-per-week=Full-time}	=> {capital-loss=None}	0.5191638	0.9550659	1.0018756
5	{workclass=Private, race=White}	=> {capital-loss=None}	0.5674829	0.9549683	1.0017732
6	{workclass=Private, race=White, native-country=United-States}	=> {capital-loss=None}	0.5181401	0.9535418	1.0002768
7	{}	=> {capital-loss=None}	0.9532779	0.9532779	1.0000000
8	{workclass=Private, capital-gain=None}	=> {capital-loss=None}	0.6111748	0.9529145	0.9996188
9	{native-country= United-States}	=> {capital-loss=None}	0.8548380	0.9525461	0.9992323
10	{workclass=Private, capital-gain=None,native-country=United-States}	=> {capital-loss=None}	0.5414807	0.9517075	0.9983526
11	{race=White}	=> {capital-loss=None}	0.8136849	0.9516307	0.9982720

```
12 {workclass=Private,        => {capital-loss=None}    0.5204742 0.9511000 0.9977153
   race=White,capital-gain=None}
13 {race=White, native-       => {capital-loss=None}    0.7490480 0.9504325 0.9970152
   country=United-States}
14 {capital-gain=None}        => {capital-loss=None}    0.8706646 0.9490705 0.9955863
15 {capital-gain=None,        => {capital-loss=None}    0.7793702 0.9481891 0.9946618
   native-country=United-States}
16 {race=White,               => {capital-loss=None}    0.7404283 0.9470983 0.9935175
   capital-gain=None}
17 {sex=Male}                 => {capital-loss=None}    0.6331027 0.9470750 0.9934931
18 {sex=Male, native-         => {capital-loss=None}    0.5661316 0.9462068 0.9925823
   country=United-States}
19 {race=White, sex=Male}     => {capital-loss=None}    0.5564268 0.9457804 0.9921350
20 {race=White,               => {capital-loss=None}    0.6803980 0.9457029 0.9920537
   capital-gain=None,native-country=United-States}
21 {race=White,sex=Male,      => {capital-loss=None}    0.5113632 0.9442722 0.9905529
   native-country=United-States}
22 {sex=Male,                 => {capital-loss=None}    0.5696941 0.9415288 0.9876750
   capital-gain=None}
23 {sex=Male,                 => {capital-loss=None}    0.5084149 0.9404636 0.9865576
   capital-gain=None,native-country=United-States}
24 {hours-per-week=Full-time} => {capital-gain=None}    0.5435895 0.9290688 1.0127342
25 {capital-loss=None,        => {capital-gain=None}    0.5191638 0.9259787 1.0093657
   hours-per-week=Full-time}
26 {workclass=Private}        => {capital-gain=None}    0.6413742 0.9239073 1.0071078
27 {workclass=Private,        => {capital-gain=None}    0.5689570 0.9218444 1.0048592
   native-country=United-States}
28 {race=White}     => {native-country=United-States}   0.7881127 0.9217231 1.0270761
29 {workclass=Private,        => {capital-gain=None}    0.5472339 0.9208931 1.0038221
   race=White}
30 {race=White,     => {native-country=United-States}   0.7490480 0.9205626 1.0257830
   capital-loss=None}
31 {race=White,     => {native-country=United-States}   0.5415421 0.9204803 1.0256912
   sex=Male}
32 {workclass=Private,        => {capital-gain=None}    0.6111748 0.9204465 1.0033354
   capital-loss=None}
33 {race=White,     => {native-country=United-States}   0.7194628 0.9202807 1.0254689
   capital-gain=None}
34 {race=White,     => {native-country=United-States}   0.5113632 0.9190124 1.0240556
   sex=Male, capital-loss=None}
35 {race=White,     => {native-country=United-States}   0.6803980 0.9189249 1.0239581
```

```
        capital-gain=None, capital-loss=None}
36 {workclass=Private,      => {capital-gain=None}   0.5414807 0.9182030 1.0008898
        capital-loss=None,native-country=United-States}
37 {}                       => {capital-gain=None}   0.9173867 0.9173867 1.0000000
38 {workclass=Private,      => {capital-gain=None}   0.5204742 0.9171628 0.9997559
        race=White, capital-loss=None}
39 {native-country=         => {capital-gain=None}   0.8219565 0.9159062 0.9983862
        United-States}
40 {workclass=              => {native-country=United-States} 0.5433848 0.9144157 1.0189334
        Private, race=White}
41 {race=White}             => {capital-gain=None}   0.7817862 0.9143240 0.9966616
42 {capital-loss=None}      => {capital-gain=None}   0.8706646 0.9133376 0.9955863
43 {workclass=              => {native-country=United-States} 0.5181401 0.9130498 1.0174114
        Private, race=White,capital-loss=None}
44 {race=White,             => {capital-gain=None}   0.7194628 0.9128933 0.9951019
        native-country=United-States}
45 {capital-loss=None,      => {capital-gain=None}   0.7793702 0.9117168 0.9938195
        native-country=United-States}
46 {race=White,             => {capital-gain=None}   0.7404283 0.9099693 0.9919147
        capital-loss=None}
47 {race=White,             => {capital-gain=None}   0.6803980 0.9083504 0.9901500
        capital-loss=None,native-country=United-States}
48 {sex=Male}               => {capital-gain=None}   0.6050735 0.9051455 0.9866565
49 {sex=Male,               => {race=White}          0.5415421 0.9051090 1.0585540
        native-country=United-States}
50 {sex=Male,               => {capital-gain=None}   0.5406003 0.9035349 0.9849008
        native-country=United-States}
51 {sex=Male,               => {race=White}          0.5113632 0.9032585 1.0563898
        capital-loss=None,native-country=United-States}
52 {race=White, sex=Male}   => {capital-gain=None}   0.5313050 0.9030799 0.9844048
```

设置支持度=0.5、置信度=0.9，并且不显示运行过程的相关信息及不包含 race=White 和 sex=Male 的项目集：

```
> is <- apriori(Adult, parameter = list(supp = 0.5, conf = 0.9),
+ appearance = list(none = c("race=White", "sex=Male")),
+ control=list(verbose=F))
```

确认没有包含 race=White 和 sex=Male 的项目集：

```
> itemFrequency(items(is))["race=White"]
race=White
```

```
        0
> itemFrequency(items(is))["sex=Male"]
sex=Male
        0
```

将 20 条关联性规则按置信度大小排序并显示出来:

```
# 关联性规则按信度大小排序
> is.sorted=sort(is,by="confidence")
> inspect(is.sorted)
```

```
   lhs                               rhs                      support   confidence  lift
1  {hours-per-week=Full-time}     => {capital-loss=None} 0.5606650  0.9582531 1.0052191
2  {workclass=Private}            => {capital-loss=None} 0.6639982  0.9564974 1.0033773
3  {workclass=Private,
    native-country=United-States} => {capital-loss=None} 0.5897179  0.9554818 1.0023119
4  {capital-gain=None,
    hours-per-week=Full-time}     => {capital-loss=None} 0.5191638  0.9550659 1.0018756
5  {}                             => {capital-loss=None} 0.9532779  0.9532779 1.0000000
6  {workclass=Private,
    capital-gain=None}            => {capital-loss=None} 0.6111748  0.9529145 0.9996188
7  {native-country=United-States} => {capital-loss=None} 0.8548380  0.9525461 0.9992323
8  {workclass=Private,
    capital-gain=None,
    native-country=United-States} => {capital-loss=None} 0.5414807  0.9517075 0.9983526
9  {capital-gain=None}            => {capital-loss=None} 0.8706646  0.9490705 0.9955863
10 {capital-gain=None,
    native-country=United-States} => {capital-loss=None} 0.7793702  0.9481891 0.9946618
11 {hours-per-week=Full-time}     => {capital-gain=None} 0.5435895  0.9290688 1.0127342
12 {capital-loss=None,
    hours-per-week=Full-time}     => {capital-gain=None} 0.5191638  0.9259787 1.0093657
13 {workclass=Private}            => {capital-gain=None} 0.6413742  0.9239073 1.0071078
14 {workclass=Private,
    native-country=United-States} => {capital-gain=None} 0.5689570  0.9218444 1.0048592
15 {workclass=Private,
    capital-loss=None}            => {capital-gain=None} 0.6111748  0.9204465 1.0033354
16 {workclass=Private,
    capital-loss=None,
    native-country=United-States} => {capital-gain=None} 0.5414807  0.9182030 1.0008898
17 {}                             => {capital-gain=None} 0.9173867  0.9173867 1.0000000
18 {native-country=United-States} => {capital-gain=None} 0.8219565  0.9159062 0.9983862
```

```
19 {capital-loss=None}              => {capital-gain=None} 0.8706646  0.9133376 0.9955863
20 {capital-loss=None,
   native-country=United-States} => {capital-gain=None} 0.7793702  0.9117168 0.9938195
```

10.2　删除冗余规则

[范例程序 10-2]

首先，引用 arules 包：

```
> library(arules)
```

使用 Titanic 数据集并转换为数据框对象 df：

```
> data("Titanic")
> str(Titanic)
table [1:4, 1:2, 1:2, 1:2] 0 0 35 0 0 0 17 0 118 154 ...
 - attr(*, "dimnames")=List of 4
  ..$ Class   : chr [1:4] "1st" "2nd" "3rd" "Crew"
  ..$ Sex     : chr [1:2] "Male" "Female"
  ..$ Age     : chr [1:2] "Child" "Adult"
  ..$ Survived: chr [1:2] "No" "Yes"
> df <- as.data.frame(Titanic)
```

产生符合 apriori()函数要求的新数据框对象 titanic.new：

```
> titanic.new <- NULL
> for(i in 1:4) {
+   titanic.new <- cbind(titanic.new, rep(as.character(df[,i]),df$Freq))
+ }
>
> titanic.new <- as.data.frame(titanic.new)
> names(titanic.new) <- names(df)[1:4]
> str(titanic.new)
'data.frame':   2201 obs. of  4 variables:
 $ Class   : Factor w/ 4 levels "1st","2nd","3rd",..: 3 3 3 3 3 3 3 3 3 3 ...
 $ Sex     : Factor w/ 2 levels "Female","Male": 2 2 2 2 2 2 2 2 2 2 ...
 $ Age     : Factor w/ 2 levels "Adult","Child": 2 2 2 2 2 2 2 2 2 2 ...
 $ Survived: Factor w/ 2 levels "No","Yes": 1 1 1 1 1 1 1 1 1 1 ...
```

默认按最小支持度= 0.1、最小置信度=0.8 进行关联分析，获得 27 条规则：

```
> titanic_rules.all <- apriori(titanic.new)
Parameter specification:
 confidence minval smax arem  aval originalSupport support minlen maxlen target
ext
        0.8    0.1    1 none FALSE              TRUE    0.1      1     10  rules FALSE
Algorithmic control:
 filter tree heap memopt load sort verbose
   0.1 TRUE  FALSE TRUE    2     TRUE


apriori - find association rules with the apriori algorithm
version 4.21 (2004.05.09)        (c) 1996-2004   Christian Borgelt
set item appearances ...[0 item(s)] done [0.00s].
set transactions ...[10 item(s), 2201 transaction(s)] done [0.00s].
sorting and recoding items ... [9 item(s)] done [0.00s].
creating transaction tree ... done [0.00s].
checking subsets of size 1 2 3 4 done [0.00s].
writing ... [27 rule(s)] done [0.00s].
creating S4 object  ... done [0.00s].
> inspect(titanic_rules.all)
```

	lhs	rhs	support	confidence	lift
1	{}	=> {Age=Adult}	0.9504771	0.9504771	1.0000000
2	{Class=2nd}	=> {Age=Adult}	0.1185825	0.9157895	0.9635051
3	{Class=1st}	=> {Age=Adult}	0.1449341	0.9815385	1.0326798
4	{Sex=Female}	=> {Age=Adult}	0.1930940	0.9042553	0.9513700
5	{Class=3rd}	=> {Age=Adult}	0.2848705	0.8881020	0.9343750
6	{Survived=Yes}	=> {Age=Adult}	0.2971377	0.9198312	0.9677574
7	{Class=Crew}	=> {Sex=Male}	0.3916402	0.9740113	1.2384742
8	{Class=Crew}	=> {Age=Adult}	0.4020900	1.0000000	1.0521033
9	{Survived=No}	=> {Sex=Male}	0.6197183	0.9154362	1.1639949
10	{Survived=No}	=> {Age=Adult}	0.6533394	0.9651007	1.0153856
11	{Sex=Male}	=> {Age=Adult}	0.7573830	0.9630272	1.0132040
12	{Sex=Female, Survived=Yes}	=> {Age=Adult}	0.1435711	0.9186047	0.9664669
13	{Class=3rd, Sex=Male}	=> {Survived=No}	0.1917310	0.8274510	1.2222950
14	{Class=3rd, Survived=No}	=> {Age=Adult}	0.2162653	0.9015152	0.9484870
15	{Class=3rd, Sex=Male}	=> {Age=Adult}	0.2099046	0.9058824	0.9530818
16	{Sex=Male, Survived=Yes}	=> {Age=Adult}	0.1535666	0.9209809	0.9689670

```
17 {Class=Crew,
   Survived=No}  => {Sex=Male}   0.3044071  0.9955423  1.2658514
18 {Class=Crew,
   Survived=No}  => {Age=Adult}  0.3057701  1.0000000  1.0521033
19 {Class=Crew,
   Sex=Male}     => {Age=Adult}  0.3916402  1.0000000  1.0521033
20 {Class=Crew,
   Age=Adult}    => {Sex=Male}   0.3916402  0.9740113  1.2384742
21 {Sex=Male,
   Survived=No}  => {Age=Adult}  0.6038164  0.9743402  1.0251065
22 {Age=Adult,
   Survived=No}  => {Sex=Male}   0.6038164  0.9242003  1.1751385
23 {Class=3rd,
   Sex=Male,
   Survived=No}  => {Age=Adult}  0.1758292  0.9170616  0.9648435
24 {Class=3rd,
   Age=Adult,
   Survived=No}  => {Sex=Male}   0.1758292  0.8130252  1.0337773
25 {Class=3rd,
   Sex=Male,
   Age=Adult}    => {Survived=No} 0.1758292  0.8376623  1.2373791
26 {Class=Crew,
   Sex=Male,
   Survived=No}  => {Age=Adult}  0.3044071  1.0000000  1.0521033
27 {Class=Crew,
   Age=Adult,
   Survived=No}  => {Sex=Male}   0.3044071  0.9955423  1.2658514
```

若设置按最小支持度=0.005、最小置信度=0.8 进行关联分析，可获得 12 条关联性规则并按照提升度大小进行排序：

```
> rules <- apriori(titanic.new, control = list(verbose=F),
+ parameter = list(minlen=2, supp=0.005, conf=0.8),
+ appearance = list(rhs=c("Survived=No", "Survived=Yes"),
+ default="lhs"))
> quality(rules) <- round(quality(rules), digits=3)

# 关联性规则按照提升度大小排序
> rules.sorted <- sort(rules, by="lift")
> inspect(rules.sorted)
  lhs            rhs            support   confidence  lift
1 {Class=2nd,
```

	Age=Child} => {Survived=Yes}	0.011	1.000	3.096
2	{Class=2nd,			
	Sex=Female,			
	Age=Child} => {Survived=Yes}	0.006	1.000	3.096
3	{Class=1st,			
	Sex=Female} => {Survived=Yes}	0.064	0.972	3.010
4	{Class=1st,			
	Sex=Female,			
	Age=Adult} => {Survived=Yes}	0.064	0.972	3.010
5	{Class=2nd,			
	Sex=Female} => {Survived=Yes}	0.042	0.877	2.716
6	{Class=Crew,			
	Sex=Female} => {Survived=Yes}	0.009	0.870	2.692
7	{Class=Crew,			
	Sex=Female,			
	Age=Adult} => {Survived=Yes}	0.009	0.870	2.692
8	{Class=2nd,			
	Sex=Female,			
	Age=Adult} => {Survived=Yes}	0.036	0.860	2.663
9	{Class=2nd,			
	Sex=Male,			
	Age=Adult} => {Survived=No}	0.070	0.917	1.354
10	{Class=2nd,			
	Sex=Male} => {Survived=No}	0.070	0.860	1.271
11	{Class=3rd,			
	Sex=Male,			
	Age=Adult} => {Survived=No}	0.176	0.838	1.237
12	{Class=3rd,			
	Sex=Male} => {Survived=No}	0.192	0.827	1.222

在产生关联性规则的结果中，某些规则比其他规则提供的信息少或没有额外信息，则称该条规则为冗余（Redundancy）规则。一般而言，冗余规则的提升度与其相关的关联性规则的提升度相同或较低。由以下结果可知有 4 条冗余规则。

```
# 删除冗余规则
> subset.matrix <- is.subset(rules.sorted, rules.sorted)
> subset.matrix[lower.tri(subset.matrix, diag=T)] <- NA
> redundant <- colSums(subset.matrix, na.rm=T) >= 1
> which(redundant)
[1] 2 4 7 8
```

删除冗余规则后，获得 12 条关联性规则：

```
# 删除冗余规则
> rules.pruned <- rules.sorted[!redundant]
> inspect(rules.pruned)
  lhs              rhs            support confidence lift
1 {Class=2nd,
   Age=Child}  => {Survived=Yes}  0.011   1.000     3.096
2 {Class=1st,
   Sex=Female} => {Survived=Yes}  0.064   0.972     3.010
3 {Class=2nd,
   Sex=Female} => {Survived=Yes}  0.042   0.877     2.716
4 {Class=Crew,
   Sex=Female} => {Survived=Yes}  0.009   0.870     2.692
5 {Class=2nd,
   Sex=Male,
   Age=Adult}  => {Survived=No}   0.070   0.917     1.354
6 {Class=2nd,
   Sex=Male}   => {Survived=No}   0.070   0.860     1.271
7 {Class=3rd,
   Sex=Male,
   Age=Adult}  => {Survived=No}   0.176   0.838     1.237
8 {Class=3rd,
   Sex=Male}   => {Survived=No}   0.192   0.827     1.222
```

我们可针对 lhs 进行细节调整，以便进一步分析关联性规则。本范例中，针对 lhs 的 Class=1st、Class=2nd、Class=3rd 和 Age=Child、Age=Adult 进行进一步分析，生成 6 条关联性规则。

```
> rules <- apriori(titanic.new,
+ parameter = list(minlen=3, supp=0.002, conf=0.2),
+ appearance = list(rhs=c("Survived=Yes"),
+ lhs=c("Class=1st", "Class=2nd", "Class=3rd",
+ "Age=Child", "Age=Adult"),
+ default="none"),
+ control = list(verbose=F))

# 关联性规则按照置信度大小排序
> rules.sorted <- sort(rules, by="confidence")
> inspect(rules.sorted)
  lhs              rhs              support    confidence  lift
1 {Class=2nd,
   Age=Child} => {Survived=Yes} 0.010904134  1.0000000   3.0956399
```

```
2 {Class=1st,
  Age=Child} => {Survived=Yes} 0.002726034  1.0000000 3.0956399
3 {Class=1st,
  Age=Adult} => {Survived=Yes} 0.089504771  0.6175549 1.9117275
4 {Class=2nd,
  Age=Adult} => {Survived=Yes} 0.042707860  0.3601533 1.1149048
5 {Class=3rd,
  Age=Child} => {Survived=Yes} 0.012267151  0.3417722 1.0580035
6 {Class=3rd,
  Age=Adult} => {Survived=Yes} 0.068605179  0.2408293 0.7455209
```

我们可以引用 arulesViz 包并调用 plot()函数生成关联性规则散布图和 Two-key 图。

```
> library(arulesViz)
> plot(titanic_rules.all)
> plot(titanic_rules.all, shading="order", control=list(main =
+     "Two-Key plot",col=rainbow(5)))
```

运行结果如图 10-2 和图 10-3 所示。

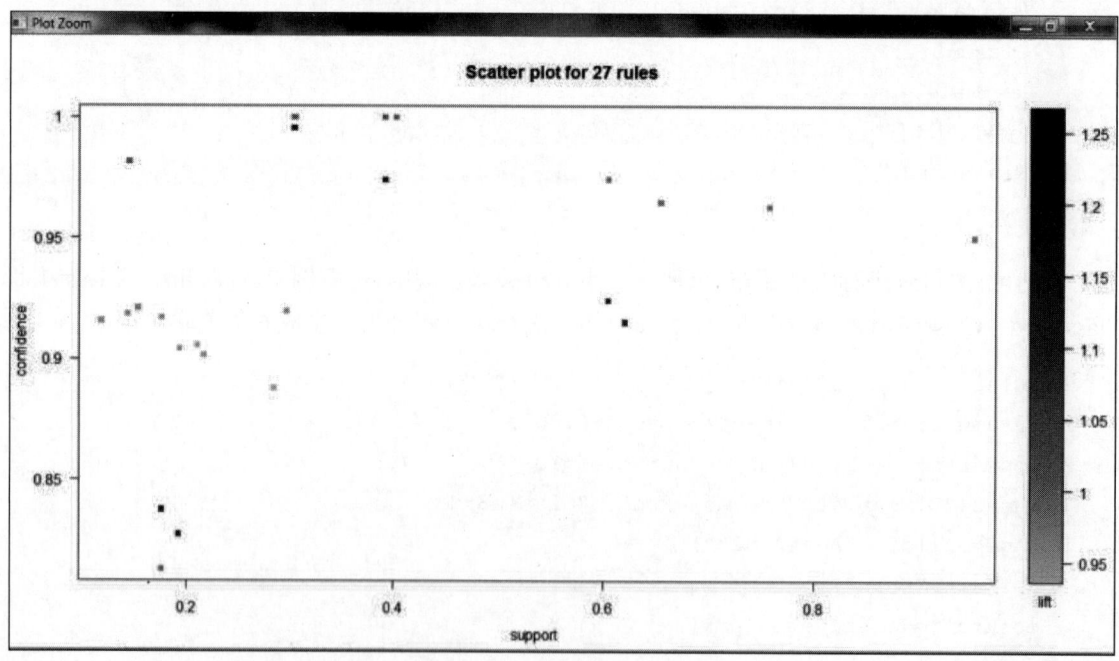

图 10-2   关联性规则散布图

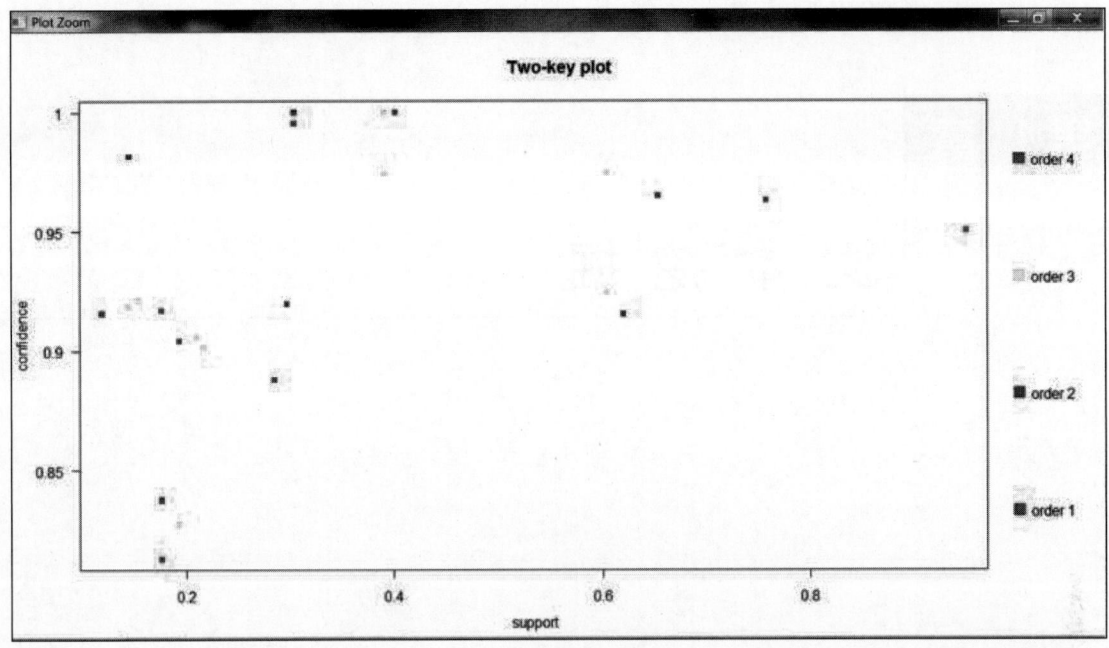

图 10-3　Two-key 图

10.3　习　　题

调用 apriori()函数分析 insurance.csv。

第 11 章

文 本 挖 掘

11

文本挖掘（Text Mining）不同于数据挖掘，它主要针对没有特定结构的纯文本进行挖掘，而这些文本的内容可能蕴含着有价值的信息。

11.1　使用混合分词并创建词频表

[范例程序 11-1]

首先，引用 gutenbergr、jiebaR、dplyr 及 wordcloud 包：

```
> library(gutenbergr)
> library(jiebaR)
> library(dplyr)
> library(wordcloud)
```

调用 jiebaR 包中 worker()函数默认的混合分词类型：

```
> mixSeg <- worker()
```

下载 PG 网站（https://www.gutenberg.org/）中编号为 64924-0 的电子书并赋值给 luxun 对象：

```
> luxun <- gutenberg_download(64924-0)
```

调用 segment()函数对 luxun 对象的 text 变量进行分词，并赋值给 luxun.seg 对象：

```
> str(luxun)
tibble[,2] [4,684 x 2] (S3: tbl_df/tbl/data.frame)
```

```
  $ gutenberg_id: int [1:4684] 64924 64924 64924 64924 64924 64924 64924 64924
64924 64924 ...
  $ text        : chr [1:4684] "[Illustration:" "" "  "THEY CALLED ACROSS MERRILY
TO EACH OTHER"" "]" ...
```

```
> luxun.seg <- segment(luxun$text, mixSeg)
```

调用 head()函数显示前 6 行数据：

```
> luxun_head <- head(luxun.seg)
> luxun_head
```

调用 freq()函数建立词频表并加上列名称：

```
> luxun.freq <- freq(luxun.seg)
> colnames(luxun.freq) <- c("word","freq")
```

调用 arrange()函数制作一个排序过（由高到低）的频率表，显示前 6 行数据：

```
> freq_df <- arrange(luxun.freq, desc(freq))
> head(freq_df)
  word freq
1  the 1648
2   to  757
3  and  757
4   of  685
5    a  614
6   in  494
```

11.2　使用 tag 分词并创建词云

使用 tag 重新分词、标注词性并赋值给 luxun.pos 对象：

```
> pos.tagger <- worker("tag")
> luxun.pos <- segment(luxun$text, pos.tagger)
```

调用 name()函数取得词性后与 luxun.pos 对象建立数据框，并加上列名称：

```
> tmp_df <- data.frame(luxun.pos, names(luxun.pos))
> colnames(tmp_df)<-c("Word","POS")
```

启用管道（Pipe）符号"%>%"功能，将tmp_df传送给group_by()函数来对Word和POS行数据进行分组，再使用"%>%"传送至summarise()函数和n()函数来计算分组的总笔数，最后将结果赋值给 Word_POS_Freq。

```
> tmp_df %>%
+   group_by(Word,POS) %>%
+   summarise(Frequency=n()) -> Word_POS_Freq
```

调用 arrange()函数制作一个已排序（由高到低）的词频表，显示前 6 行数据：

```
> Word_POS_Freq <- arrange(Word_POS_Freq, desc(Frequency))
> head(Word_POS_Freq)
# A tibble: 6 x 3
# Groups:   Word [6]
  Word  POS   Frequency
  <chr> <chr>     <int>
1 13    m             1
2 15    m             1
3 170   m             1
4 1906  m             1
5 1906. m             1
6 2     x             1
```

调用 subset()函数取出词性（POS）为代名词（标记为 r）的前 100 个词，计算出各个词的频率后再调用 wordcloud()函数把结果显示出来。

```
> pos_eng <- head(subset(Word_POS_Freq,Word_POS_Freq$POS == "eng"),100)
> pos_eng
# A tibble: 100 x 3
# Groups:   Word [100]
   Word     POS   Frequency
   <chr>    <chr>     <int>
 1 abandon  eng           1
 2 able     eng           2
 3 about    eng          69
 4 About    eng           2
 5 above    eng           6
 6 abroad   eng           1
 7 absence  eng           4
 8 absent   eng           2
 9 absolute eng           1
10 absorbed eng           2
# ... with 90 more rows


> pos_eng_barplot <- ggplot(aes(x = Word, y = Frequency), data =
```

```
+ pos_eng)+ geom_bar(stat="identity")
> pos_eng_barplot
```

运行后的频率如图 11-1 所示。

调用 wordcloud()函数显示词云信息，显示结果如图 11-2 所示。

```
> wordcloud(pos_r$Word,pos_r$Frequency)
```

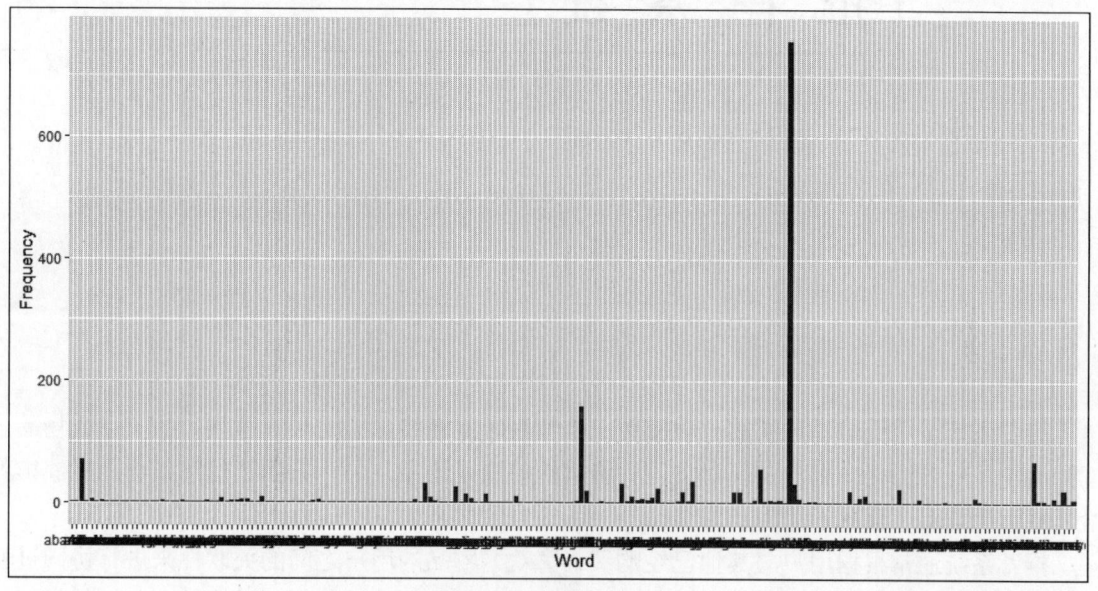

图 11-1　显示词频

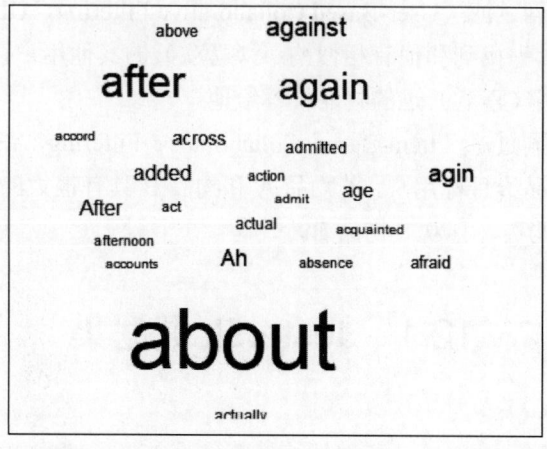

图 11-2　显示的词云信息

11.3 习　　题

到 https://www.gutenberg.org/files/64924/64924-0.txt 下载文本并分析。

第 12 章

推 荐 系 统

12

推荐系统是用于信息过滤的一种应用。推荐系统能够将可能购买（喜欢）的信息或物品推荐给用户，一方面帮助用户发现对自己有价值的信息或物品，另一方面让信息或物品能够推荐给其他可能购买（喜欢）的用户。

推荐系统通常根据用户与其他已经购买（喜欢）物品的用户之间的关联性来进行协同过滤推荐。对于协同过滤推荐，R 语言的 recommenderlab 包提供以下两种过滤方式：

（1）基于用户的协同过滤（User-Based Collaborative Filtering，UBCF），主要是当一个目标用户需要推荐时，可以先找到和他有相似购买（喜欢）的其他用户，然后把那些其他用户感兴趣而目标用户没有购买（喜欢）过的物品推荐给他。

（2）基于物品的协同过滤（Item-Based Collaborative Filtering，IBCF），是推荐之前已经购买（喜欢）过的相似物品给目标用户，若物品 A 和物品 B 具有很大的相似度，则购买（喜欢）物品 A 的用户也可能会购买（喜欢）物品 B。

12.1 Jester5k 数据集

[范例程序 12-1]

首先，引用 recommenderlab 包：

```
> library(recommenderlab)
```

使用 Jester5k 数据集，该数据集包含了来自 1999 年 4 月至 2003 年 5 月期间收集的 Jester 在线笑话推荐人系统的 5000 名用户样本和 100 个笑话，评分范围从-10 到 10 分。所有选定的用户都对 36 个以上的笑话进行了评分。

```
> data(Jester5k)
> Jester5k

5000 x 100 rating matrix of class 'realRatingMatrix' with 362106 ratings.
```

调用 getRatings()函数获取评分值，并调用 hist()函数显示直方图，如图 12-1 所示。

```
> hist(getRatings(Jester5k))
```

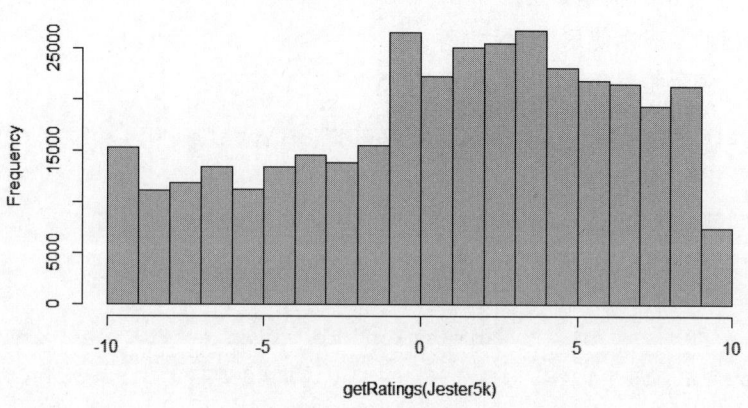

图 12-1　显示评分值的直方图

接下来，调用 rowCounts()函数获取每个用户给多少个笑话评分，并调用 summary()函数查看数据的分布信息。

```
> summary(rowCounts(Jester5k))
   Min. 1st Qu.  Median    Mean 3rd Qu.    Max.
  36.00   53.00   72.00   72.42  100.00  100.00
```

调用 evaluationScheme(data=Jester5k[1:1000],method="split", train=0.8, given=10, goodRating = 5)函数建立数据、抽样等计划。

其中：

- data: 表示数据集名，method= "cross-validation"表示使用 K-fold 分割数据。
- method="split": 表示将数据分割为训练集和测试集。
- train=0.8: 表示 80%的数据用于训练集，20%用于测试集。
- given=10: 表示测试集中的 10 个项目用于推荐算法，剩余的项目用于计算误差。
- goodRating=5: 表示评分为 5 分以上视为好的评分。

```
> scheme= evaluationScheme(Jester5k[1:1000], method="split", train=0.8,
given=10, goodRating=5)
> scheme
Evaluation scheme with 10 items given
Method: 'split' with 1 run(s).
```

```
Training set proportion: 0.800
Good ratings: >=5.000000
Data set: 1000 x 100 rating matrix of class 'realRatingMatrix' with 72358 ratings.
```

调用 evaluate(scheme, method = "UBCF", type="topNList", n=c(1, 3, 5)) 函数来评估推荐结果。

其中：

- method: 表示使用的推荐算法。
- type="topNList": 表示使用 TopN 推荐。
- n=c(1, 3, 5): 表示推荐 Top1、Top3 及 Top5。

```
> recN <- evaluate(scheme, method = "UBCF", type="topNList", n=c(1,3,5))
> recN
Evaluation results for 1 folds/samples using method 'UBCF'.
> recNavg=avg(recN)
> recNavg
     TP    FP    FN      TN     precision  recall     TPR        FPR
1 0.150 0.850 14.515 74.485  0.150      0.01358334 0.01358334 0.01147438
3 0.555 2.445 14.110 72.890  0.185      0.04308400 0.04308400 0.03267893
5 1.070 3.930 13.595 71.405  0.214      0.08396216 0.08396216 0.05238502
> plot(recN)
```

结果如图 12-2 所示。

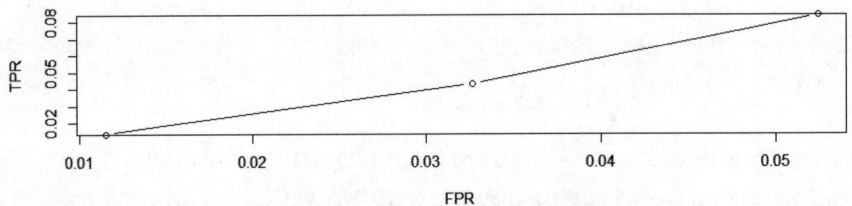

图 12-2　显示 topNList 评估结果

type="ratings"表示使用评分推荐。

```
> recR <- evaluate(scheme, method = "UBCF", type="ratings")
> recR
> plot(recR)
```

运行结果如图 12-3 所示。

图 12-3　显示 ratings 评估的误差结果

　　调用 evaluate()函数可以进行 Z-score 标准化、选择 Cosine 相似度，同时评估 UBCF 和 IBCF 算法。然后，调用 plot()函数设置 ROC 或 prec/rec 参数来显示 ROC、precision 和 recall 值，并调用 plot()函数设置 annotate=1:3 来显示注释值。

```
> algorithms <- list(
+    "UBCF" = list(name="UBCF", param=list(normalize = "Z-score",
+            method="Cosine")),
+    "IBCF" = list(name="IBCF", param=list(normalize = "Z-score",
+            method="Cosine")))
> reclist <- evaluate(scheme, method = algorithms, type =
+            "topNList",n=c(1,3,5))
> reclist
> plot(reclist, "prec/rec", annotate=1:3,legend="bottomright")
```

运行结果如图 12-4 所示。

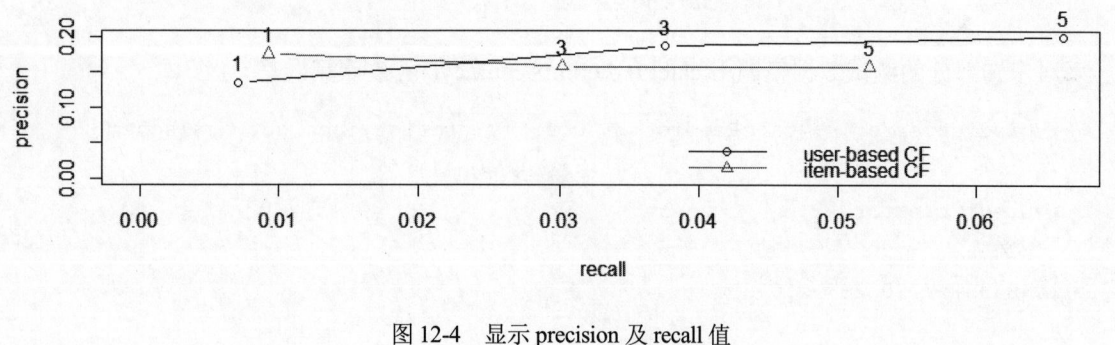

图 12-4　显示 precision 及 recall 值

12.2　MovieLense 数据集

　　MovieLense 数据集是在 1997 年 9 月 19 日至 1998 年 4 月 22 日的 7 个月间通过 MovieLens 网站（movielens.umn.edu）收集的。

[范例程序 12-2]

　　首先，引用 recommenderlab 包：

```
> library(recommenderlab)
```

该数据集中包含 943 个用户对来自 1664 部电影的评分，评分范围从 1 分到 5 分。

```
> data(MovieLense)
> dim(MovieLense)
[1]  943 1664
```

调用 evaluationScheme(MovieLense[1:50], method="split", train=0.8, given=10, goodRating=5)函数来建立数据、抽样等计划。

```
> scheme <- evaluationScheme(MovieLense[1:50], method = "split",
+                            train = 0.8, given = 10, goodRating = 5)
```

调用 Recommender(getData(scheme,"train"), method= "IBCF")函数建立模型。其中:

- getData(scheme, "train"): 表示训练集。
- method= "IBCF": 表示使用基于物品的协同过滤算法。

```
> model.ibcf <- Recommender(getData(scheme, "train"), method= "IBCF")
```

对已知部分的测试数据集（每个用户对 given=10 个物品评分）使用 IBCF 预测评分。

```
> predict.ibcf <- predict(model.ibcf, getData(scheme, "known"), type
+                 = "ratings")
```

对未知部分的测试数据集调用 calcPredictionAccuracy()函数计算误差。

```
> predict.error <- calcPredictionAccuracy(predict.ibcf,getData(scheme,
+                            "unknown"))
> predict.error
   RMSE      MSE      MAE
1.484331 2.203237 1.075540
```

使用 MovieLense 数据集中总评分大于 50 的前 50 个用户的数据来建立训练集。

```
> MovieLense50 <- MovieLense[rowCounts(MovieLense) >50,]
> train <- MovieLense50[1:50]
```

使用 IBCF 建立模型。

```
> model.ibcf <- Recommender(train, method = "IBCF")
> model.ibcf
Recommender of type 'IBCF' for 'realRatingMatrix'
learned using 50 users.
```

对 101 个用户和 102 个用户的数据进行预测评分，并转换为矩阵。

```
> predict.ibcf <- predict(model.ibcf, MovieLense100[101:102], type=
+                   "ratings")
> as(predict.ibcf, "matrix")[,1:3]
   Toy Story (1995) GoldenEye (1995) Four Rooms (1995)
177            NA         3.666667                 3
178            NA               NA                 4
```

对 101 个用户和 102 个用户的数据预测 Top3，并转换为列表。

```
> pre <- predict(rec, MovieLense100[101:102], n = 3)
> pre
Recommendations as 'topNList' with n = 3 for 2 users.
> as(pre, "list")
$'177'
[1] "Shanghai Triad (Yao a yao yao dao waipo qiao) (1995)"
[2] "Citizen Ruth (1996)"
[3] "unknown"

$'178'
[1] "Weekend at Bernie's (1989)" "Glengarry Glen Ross (1992)" "Audrey Rose (1977)"
```

## 第 13 章

可视化数据分析

13

rattle（全称为 the R Analytic Tool To Learn Easily）包是一个可视化的数据分析工具，允许我们从 CSV 文件、ARFF，或通过 ODBC（Open Database Connectivity，开放数据库互连）从 R Dataset、RData File、Library 或 Corpus 等数据源导入、探索（Explore）及测试（Test）、转换（Transform）数据，并建立（Build）和评估（Evaluate）模型。该工具还支持将模型导出，供用户自行修改和运用。

首先，加载 rattle 包并运行 rattle()函数：

```
> library('rattle')
> rattle()
```

Rattle 的运行窗口如图 13-1 所示（注意，此窗口与 RStudio 或 R 窗口不同，用户需自行切换窗口）。

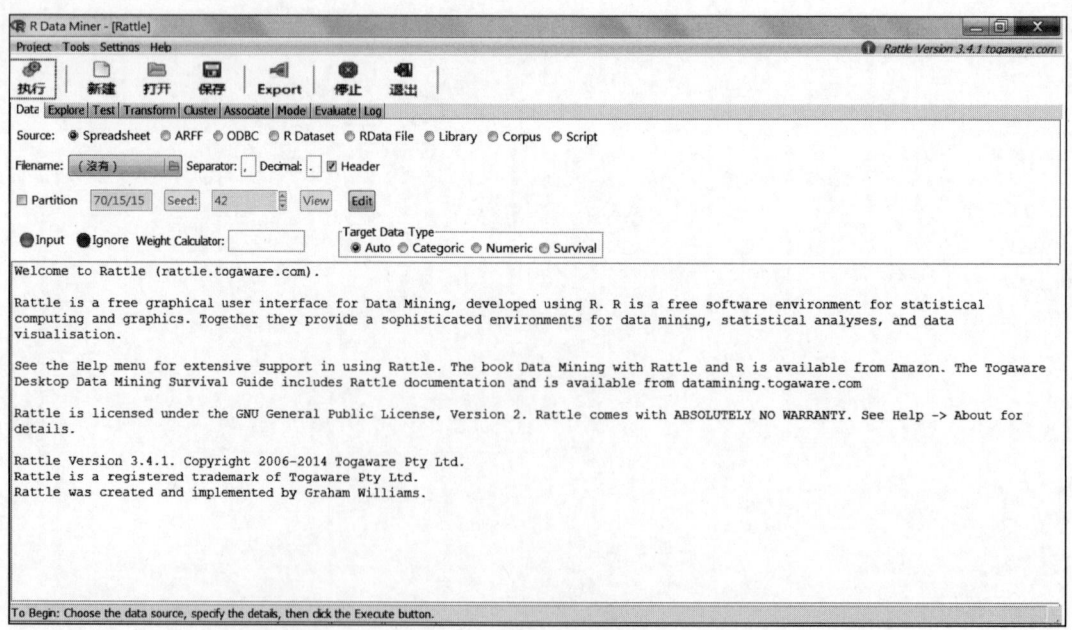

图 13-1　rattle 运行窗口

13.1　导　入　数　据

我们可以使用 rattle 导入多种数据格式，包含 Spreadsheet、ARFF、ODBC、R Dataset、RData File、Library 及 Corpus。下面介绍如何使用 Spreadsheet 导入 CSV 数据格式和文本文件。

导入 iris.csv 文件的操作步骤如下：

步骤 01 选择"数据"（Data）菜单。

步骤 02 选择 Source：Spreadsheet 选项。

步骤 03 单击"文件名"（Filename）右侧的下拉菜单，弹出"选择文件"对话框。

步骤 04 在对话框中选择 CSV Files 并选中 iris.csv 文件，完成后关闭对话框。

步骤 05 单击"执行"按钮，如图 13-2 所示。

注意，可以先生成 iris.csv 文件后再将其复制至 C:\下，然后在 R 窗口运行以下程序，设置路径后再运行上述步骤。

```
> setwd("c:/")
> getwd()
[1] "c:/"
```

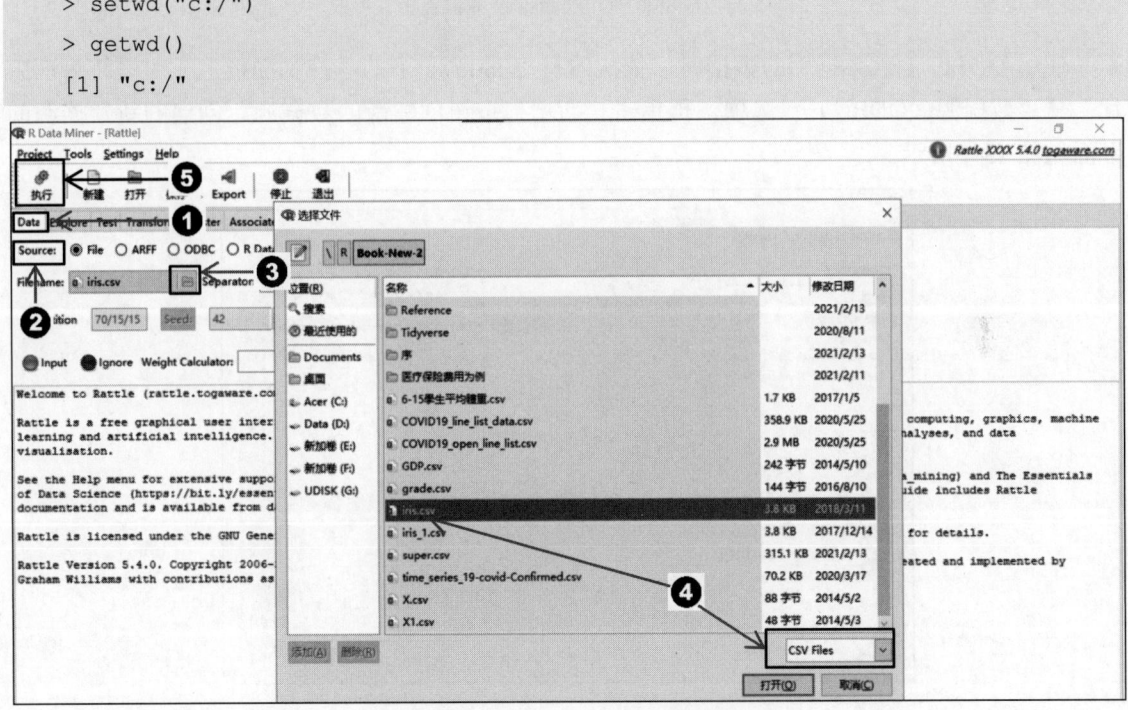

图 13-2　在 rattle 中导入 iris.csv 文件

在导入 CSV 文件时，我们可以设置分隔符（Separator）和小数点符号（Decimal），还可以选择导入 Header。图 13-3 展示了在导入 iris.csv 时设置分隔符为"，"、Decimal 为"."，并勾选 Header 的操作界面。

ARFF 文件是 Weka 默认的数据格式（.arff），采用文本文件的格式。若要导入 iris.arff 文件，可以参考导入 iris.csv 文件的方式。可以通过网址 https://github.com/renatopp/arff-datasets/blob/master/classification/iris.arff 下载 iris.arff 文件或使用本书提供的 iris.arff 文件。

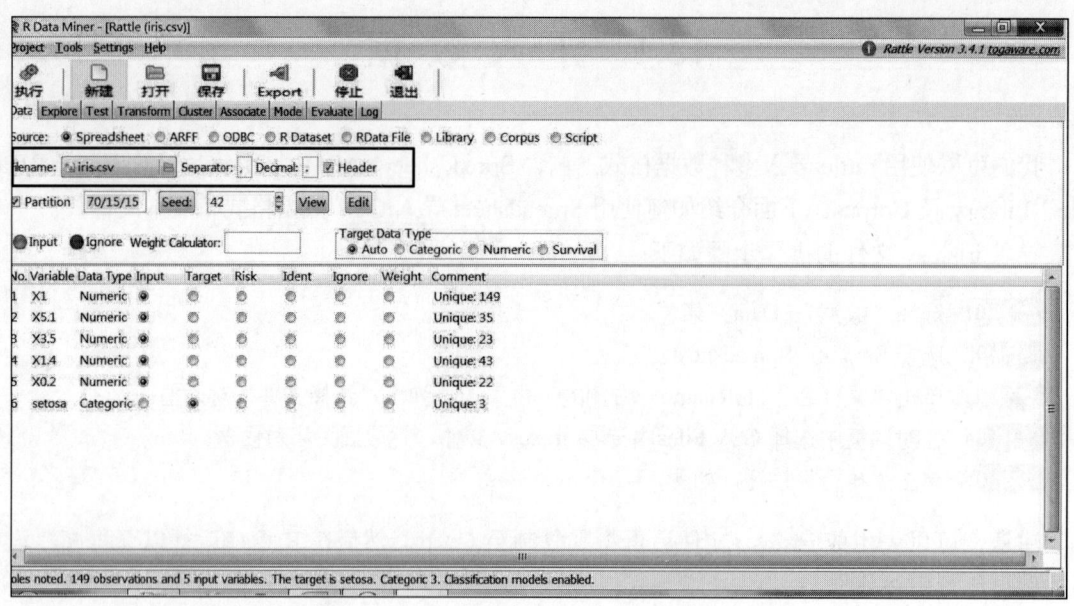

图 13-3   在 rattle 中导入 iris.csv 并设置相关参数

使用 ODBC 导入数据库的数据时，依次选择 Windows 下的"控制面板"→"系统管理工具"→"数据源（ODBC）"选项，再单击"新增"按钮创建新的数据源。创建的新数据源的界面如图 13-4 所示。

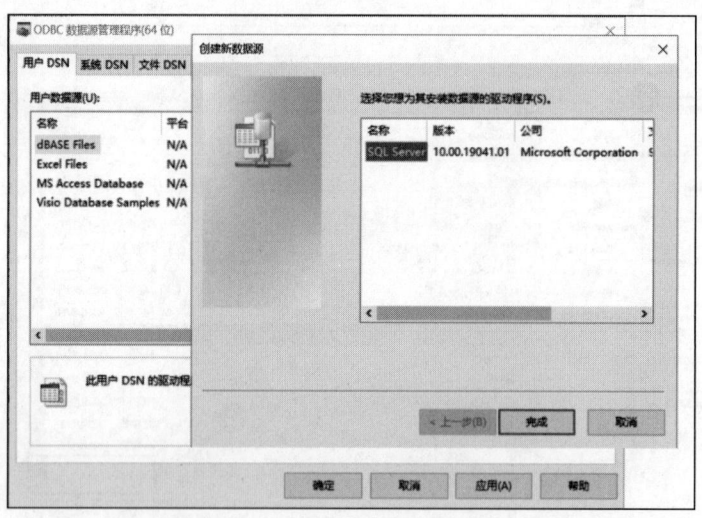

图 13-4   设置 ODBC 创建新数据源

在使用 ODBC 之前，首先需要在 R 窗口中加载 RODBC 包：

```
> library(RODBC)
```

建立好数据源并加载 RODBC 包后，可在 rattle 窗口中输入 DSN 名称（如 DSN：mitopac），然后按 Enter 键选择数据库中的数据表（Table），最后单击图 13-5 中的"执行"按钮即可显示数据。

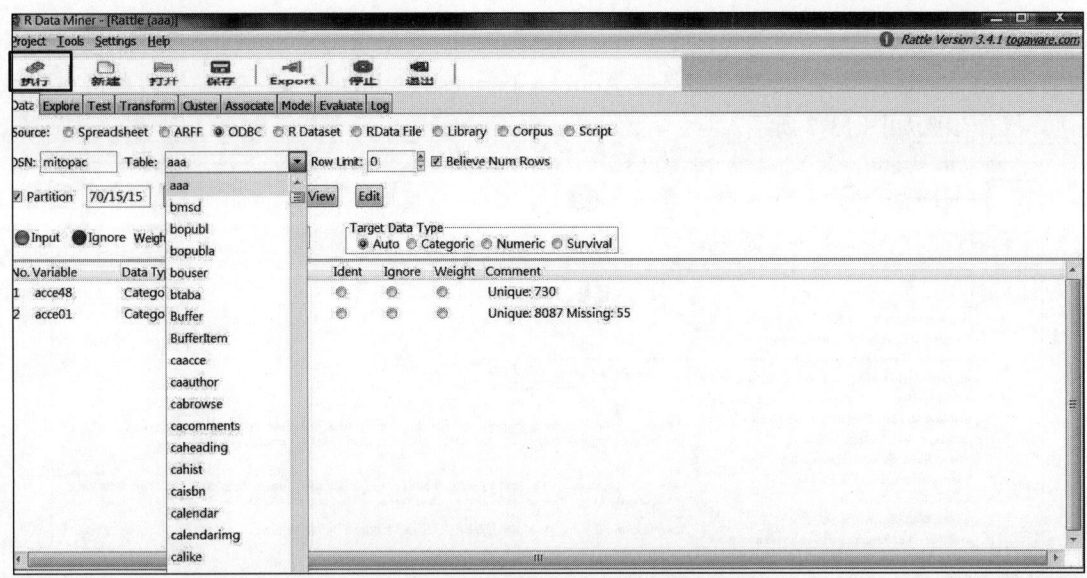

图 13-5　使用 ODBC 导入数据库中的数据

我们还可以通过 R Dataset 功能导入 SPSS、SAS 和 DBF 等格式的数据；利用 Corpus 功能，可以导入 Corpora 数据库中的数据。若需要导入 R 的 RData 格式文件，可以使用 RData File 选项。以下是导入 iris.RData 文件的步骤：

步骤01　单击"数据"（Data）菜单。

步骤02　在"源"（Source）中选择 RData File 单选按钮。

步骤03　在"文件名"（Filename）下拉菜单中选择 iris.RData，并将"数据名称"（Data Name）设置为 iris。

步骤04　最后单击"执行"（Execute）按钮。具体操作界面如图 13-6 所示。

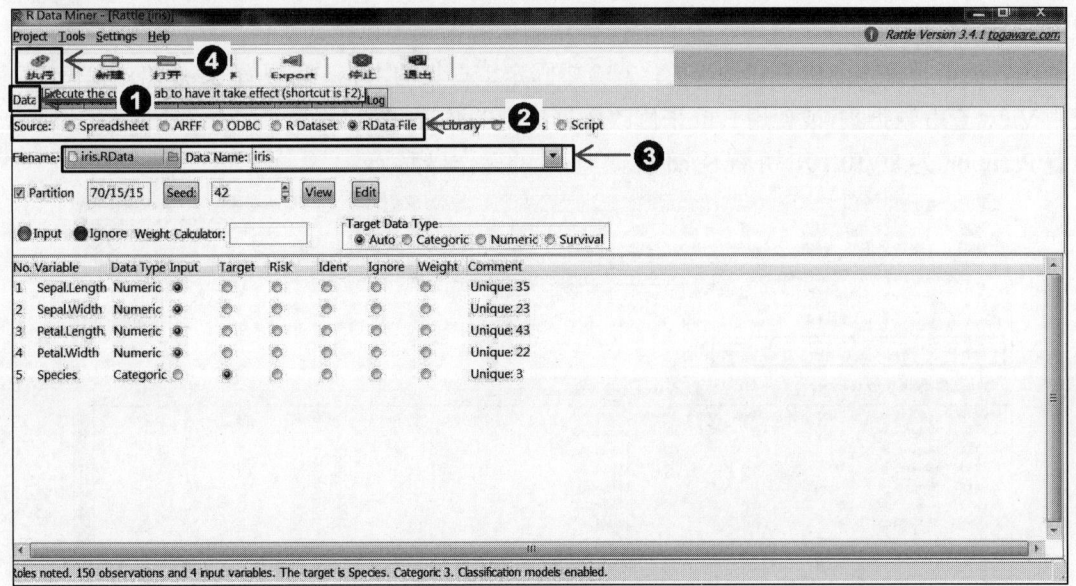

图 13-6　在 rattle 中导入 iris.RData

我们可以使用 Library 导入 R 程序中各个包的数据集，如果使用 arules 包中的 Adult 数据集，可打开 Data Name 下拉菜单，在其中选择 AdultUCI:arules:Adult Data Set 选项，最后单击"执行"按钮。操作步骤如图 13-7 所示。

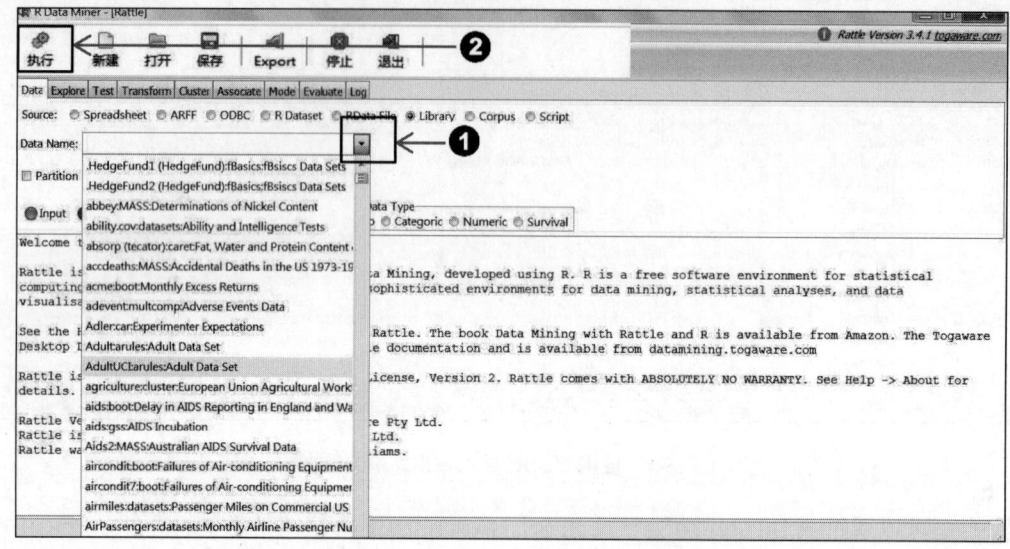

图 13-7　在 rattle 中导入 Adult 数据集

13.1.1　处理数据集

导入数据集后，rattle 可进一步将数据集分割为训练数据集（Training Dataset）、验证数据集（Validation Dataset）和测试数据集（Testing Dataset）。训练数据集用于建立模型，验证数据集用于调整模型参数，帮助改进模型性能，而测试数据集用于评估模型的性能。我们可先选取 Partition 并调整训练数据集、验证数据集和测试数据集的比例（默认为 70/15/15）。由于分割处理数据集是采用随机方式进行的，若希望固定数据集的内容，可设置 Seed 值。我们还可以使用 View 查看数据集，或使用 Edit 来修改数据集中的数据。图 13-8 展示了导入 iris.csv 文件后，设置 Partition 为 80/10/10，并将 Seed 设置为 40 的操作界面。

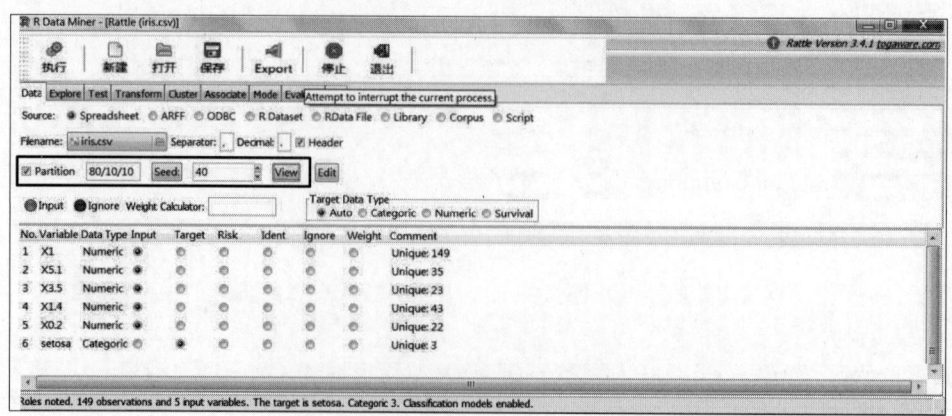

图 13-8　导入 iris.csv 文件后设置 Partition 及 Seed 的操作界面

13.1.2　设置变量

rattle 提供了不同类型的变量（属性）选项。Rattle 中的变量可以是模型的输入（Input）变量，也可以是构建模型的目标（Target）变量，即输出变量。变量还可以细分为其他类别，如风险（Risk）变量——不建议用于构建模型；忽略（Ignore）变量——在构建模型时暂时忽略的变量；识别（Ident）变量——具有唯一性的标识符（例如日期及身份证号码）；权重（Weight）变量——可以设置不同权值的变量。我们可以使用 Weight Calculator 来设置变量权重，例如 abs(X1)/max(X1)*10+1 表示设置变量 X1 的权重。

大多数变量的默认作用都是输入变量（自变量、独立变量、解释变量）。目标变量用于构建模型的输出值（因变量）。对于变量的数据类型（Data Type），可以是数值（Numeric）类型或类别（Categoric）类型。rattle 在导入数据时会默认将数值类型的变量设置为目标变量，而类别类型的目标变量不适用于回归分析。我们可通过单选按钮（Radio Button）来选择符合需要的变量及数据类型。例如，在设置 iris.csv 变量时，X1 变量的权重为 abs(X1)/max(X1)*10+1，而 X5.1、X3.5、X1.4 和 X0.2 为数值类型的输入变量，setosa 为类别类型的目标变量。图 13-9 所示为设置 iris.csv 变量的界面。

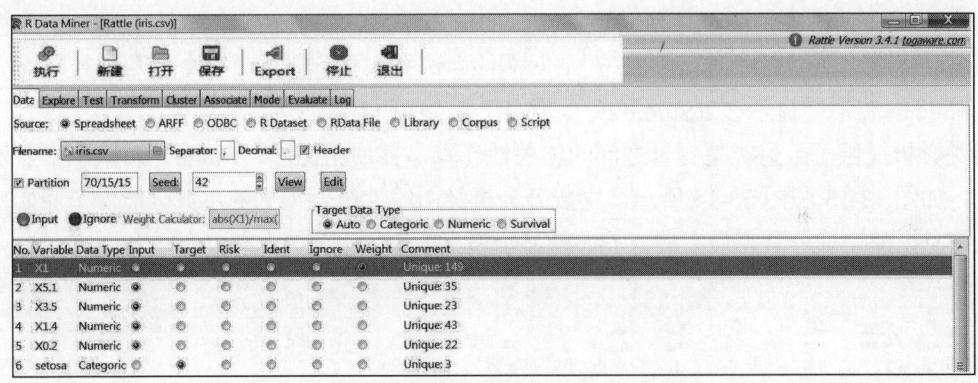

图 13-9　设置 iris.csv 变量的操作界面

13.2　探索及测试数据

导入数据后，rattle 提供了摘要（Summary）分析、分布（Distributions）分析、相关（Correlation）分析和主成分（Principle Component）分析来帮助了解数据。数据的摘要分析可提供数据集中每个变量的信息。对于数值类型的变量，摘要分析包括最小值、最大值、中位数（Median）、平均值（Mean）和第一个及第三个四分位数（Quartile）；对于类别类型的变量，摘要分析则提供频率分布（Frequency Distributions）。以 iris.csv 为例，运行摘要分析的步骤如下：

步骤01　选择 Explore。

步骤02　选择 Summary。

步骤03　单击"执行"按钮。图 13-10 所示为 iris.csv 摘要分析的执行界面。

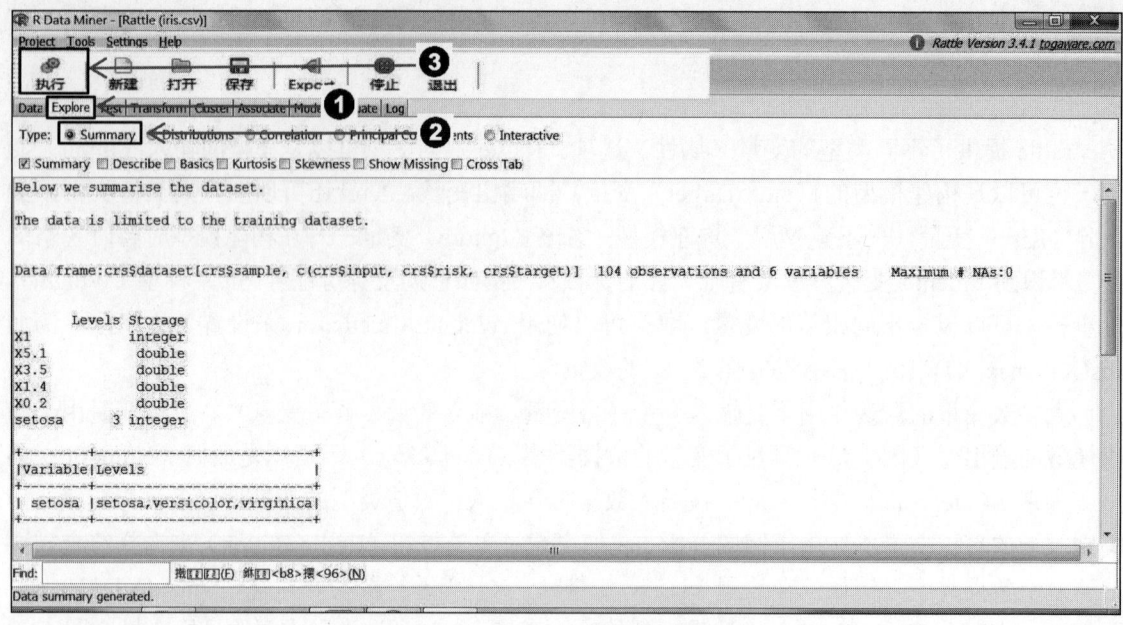

图 13-10   iris.csv 摘要分析的执行界面

分布分析提供了各种图形来帮助了解数据的分布信息，包含盒形图（Box Plot）和直方图（Histogram）等。图 13-11 展示了在 iris.csv 文件中选择 X1 变量并运行盒形图进行分布分析的操作，rattle 的图形会显示在 RStudio 或 R 窗口上，如图 13-12 所示。

相关分析提供了数值类型变量之间的相关性计算，并使用圆圈（Circle）和颜色来显示相关的强度，如图 13-13 和图 13-14 所示。主成分分析经由线性组合得到的主成分能保留原始变量的大部分信息，即主成分具有最大的方差并能显示最大的个别差异，如图 13-15 和图 13-16 所示。

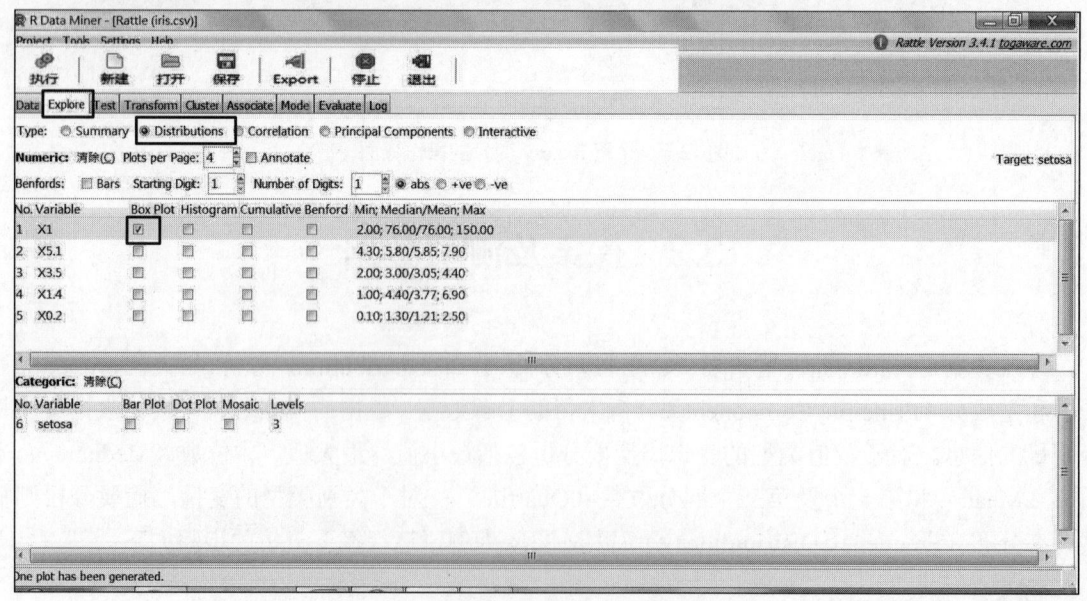

图 13-11   设置 iris.csv 中的 X1 变量执行盒形图进行分布分析

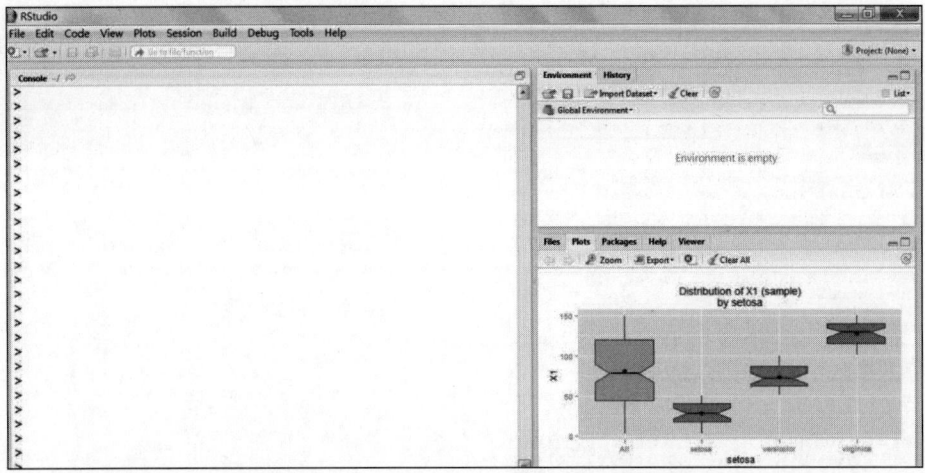

图 13-12　iris.csv 中 X1 变量的盒形图分布分析

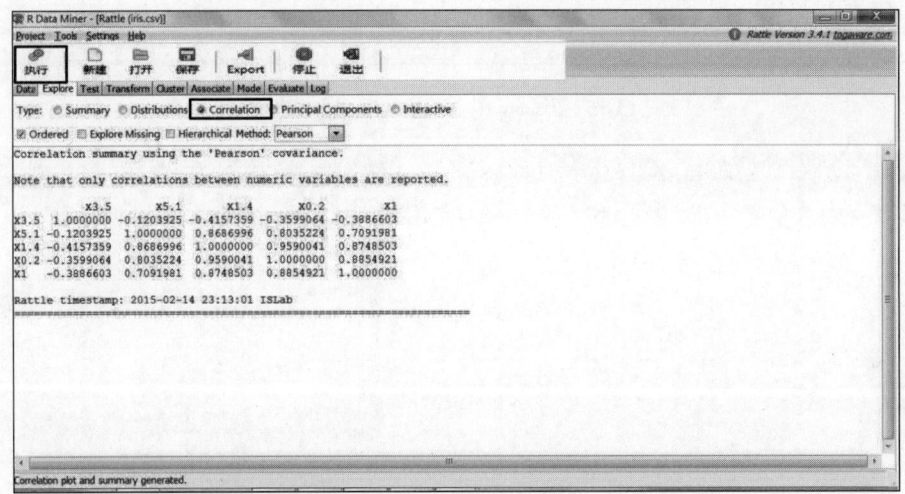

图 13-13　iris.csv 中各变量的相关分析值

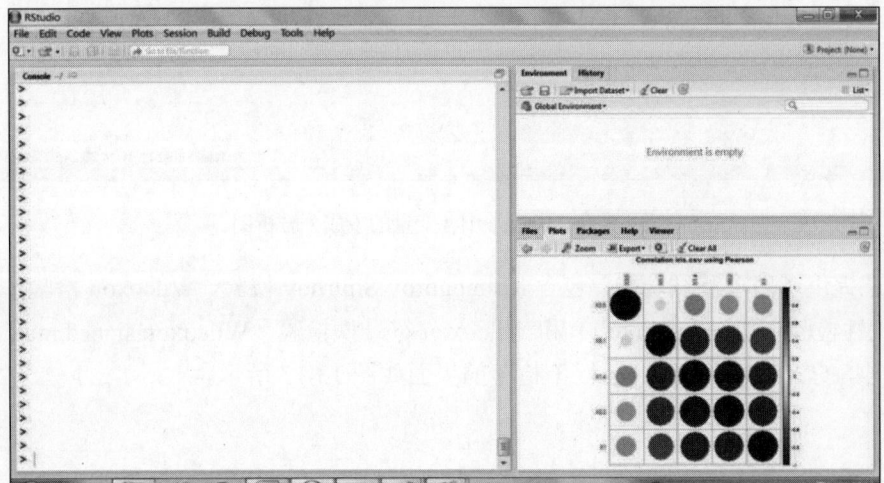

图 13-14　iris.csv 中各变量的相关分析图

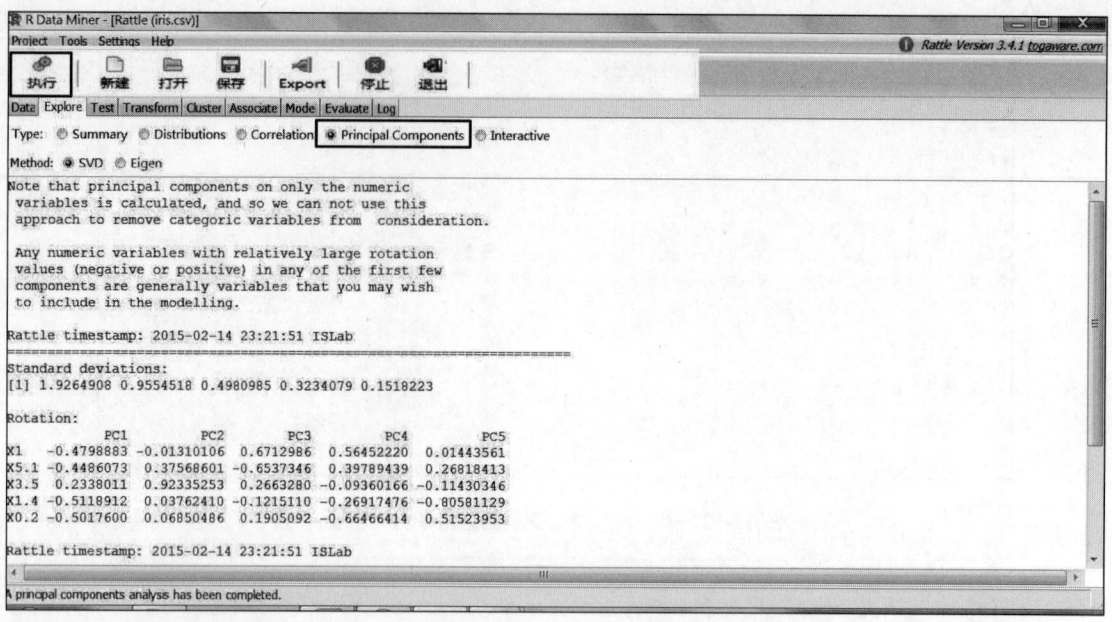

图 13-15　iris.csv 中各变量的主成分分析值

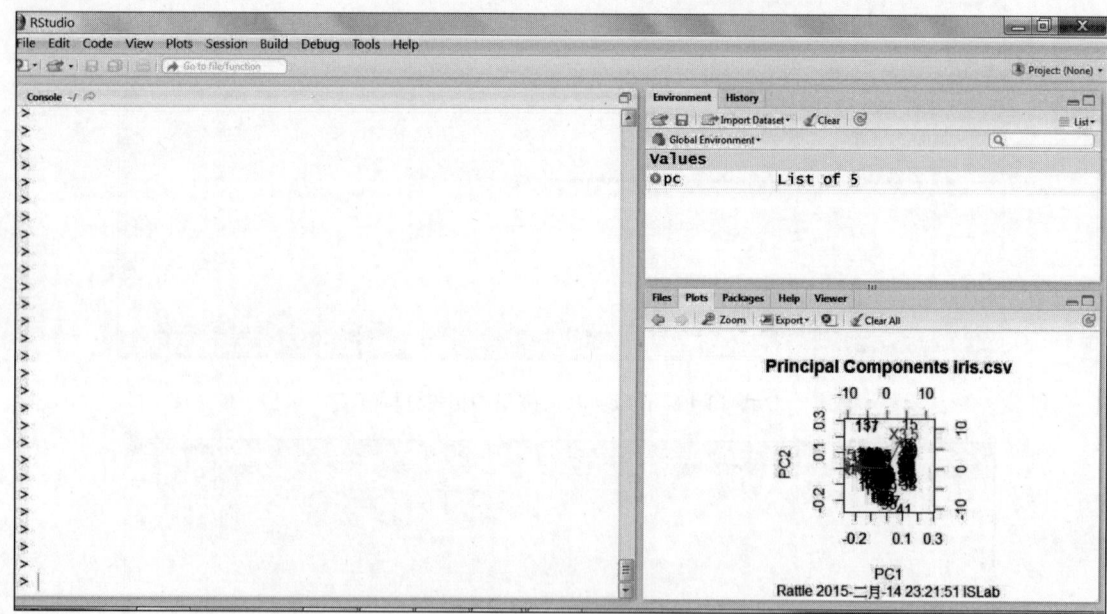

图 13-16　iris.csv 中各变量的主成分分析图

rattle 还提供了多项测试功能，包含 Kolmogorov-Smirnov 检验、Wilcoxon 检验、T 检验、F 检验、相关性检验（Correlation test）和 Wilcoxon 符号秩检验（Wilcoxon signed rank test）。以 iris.csv 数据集的 X1 变量为例，运行 T 检验的界面如图 13-17 所示。

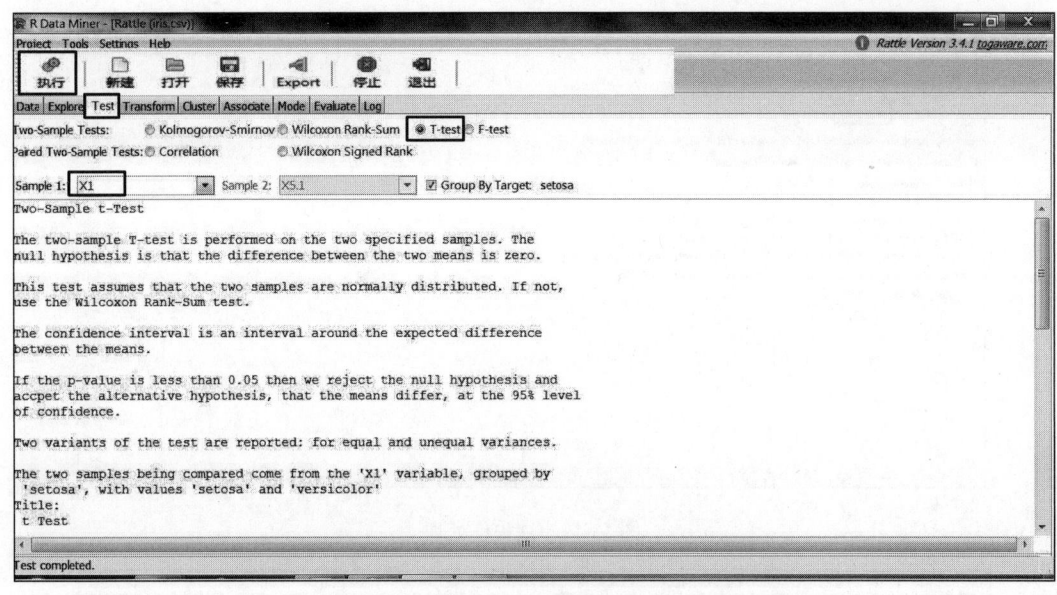

图 13-17 执行 iris.csv 数据集 X1 变量的 T 检验界面

13.3 转 换 数 据

数据集中的数据可能存在缺失值。若数据中存在缺失值，将严重影响数据分析的结果，甚至可能影响模型的正确性。此外，一些数据不能直接使用，必须进行转换，以确保模型的质量。在 rattle 中，为数据转换提供了重新缩放（Rescale）、缺失值处理（Impute）、数据类型转换（Recode）和清理数据（Cleanup）功能。转换数据的各项功能如图 13-18～图 13-21 所示。

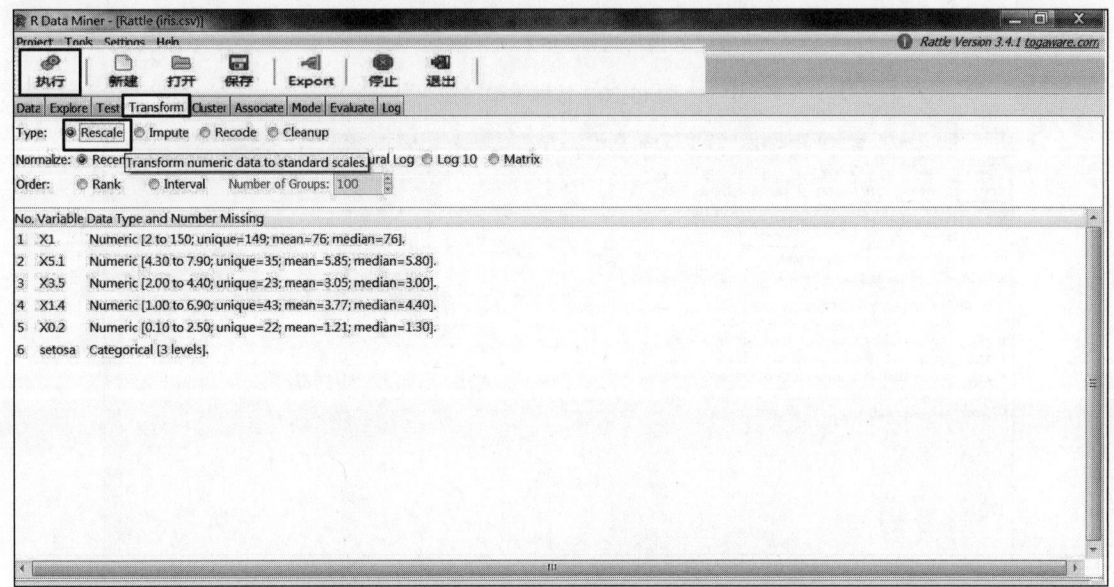

图 13-18 重新缩放

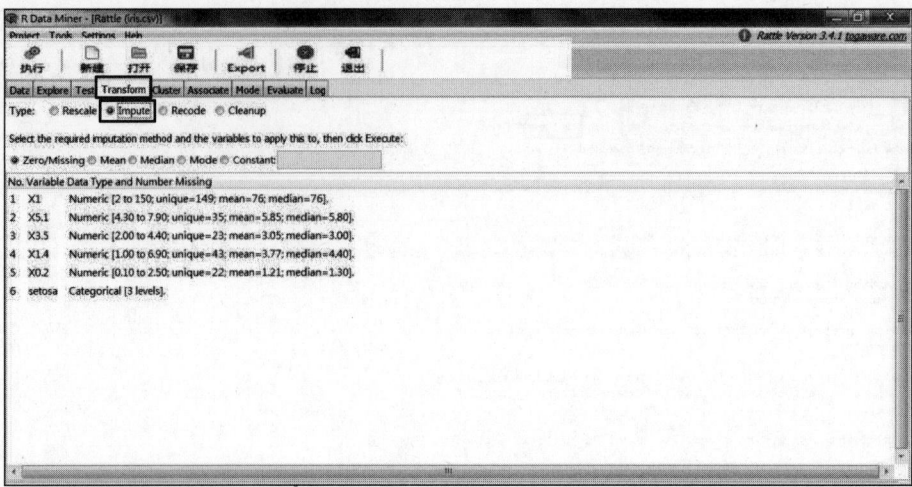

图 13-19   缺失值处理

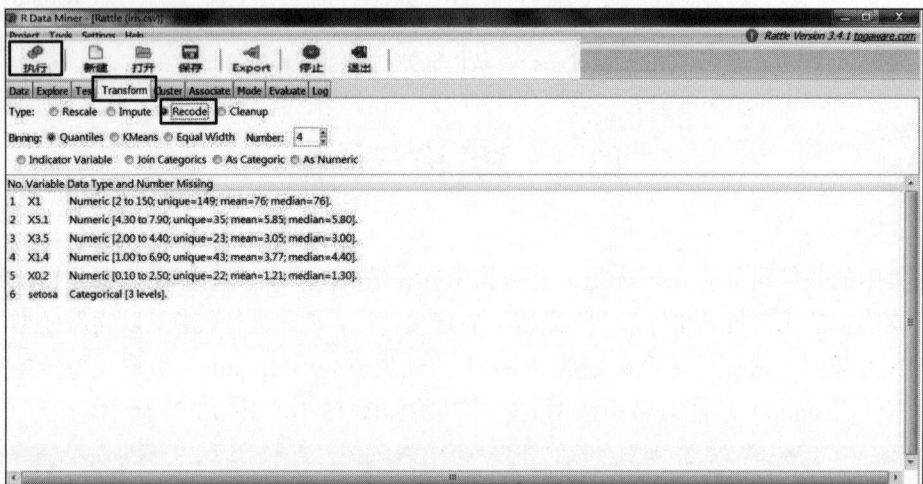

图 13-20   数据类型转换

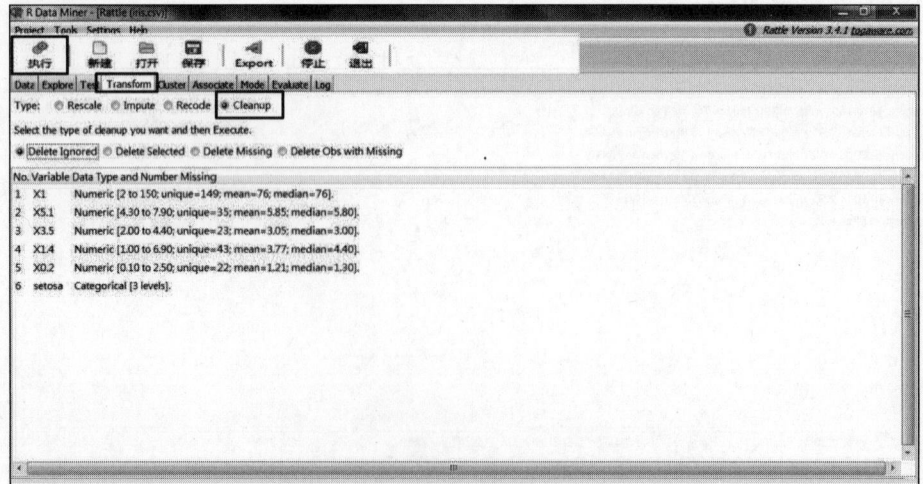

图 13-21   清理数据

13.4 ·建立、评估及导出模型

经过导入、探索及转换数据（这两个步骤不是必须的）后，我们就可以建立模型了。rattle 提供了聚类（Cluster）、关联性规则（Associate）、分类和回归等算法来构建模型。以 weather.csv 为例，我们可以先导入数据，再建立聚类、关联性法则、决策树和随机森林等模型，其执行界面如图 13-22～图 13-26 所示。

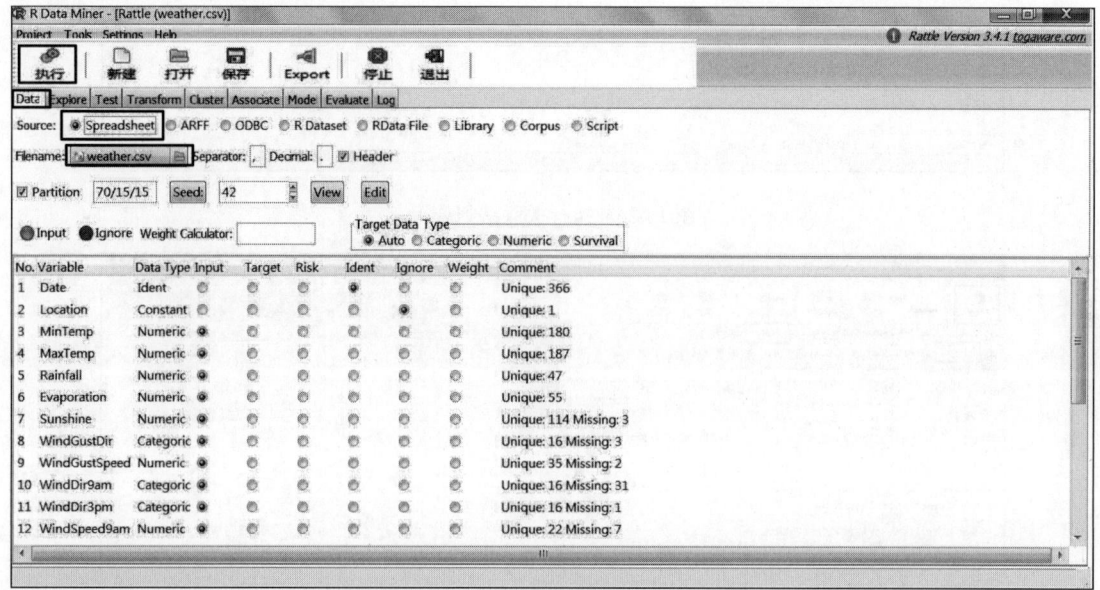

图 13-22　导入 weather.csv 文件

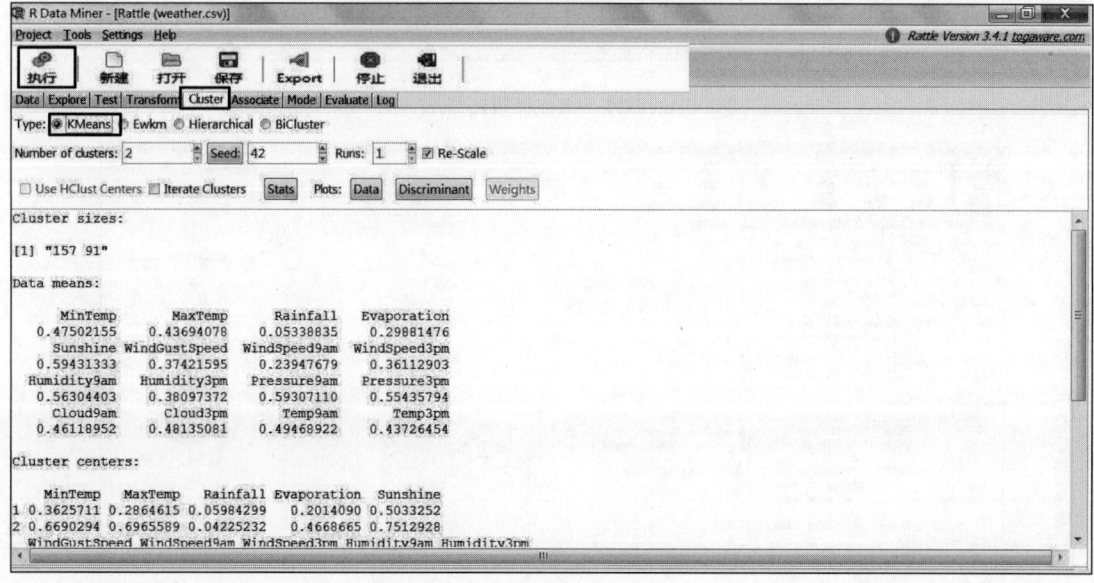

图 13-23　执行 K 均值聚类算法

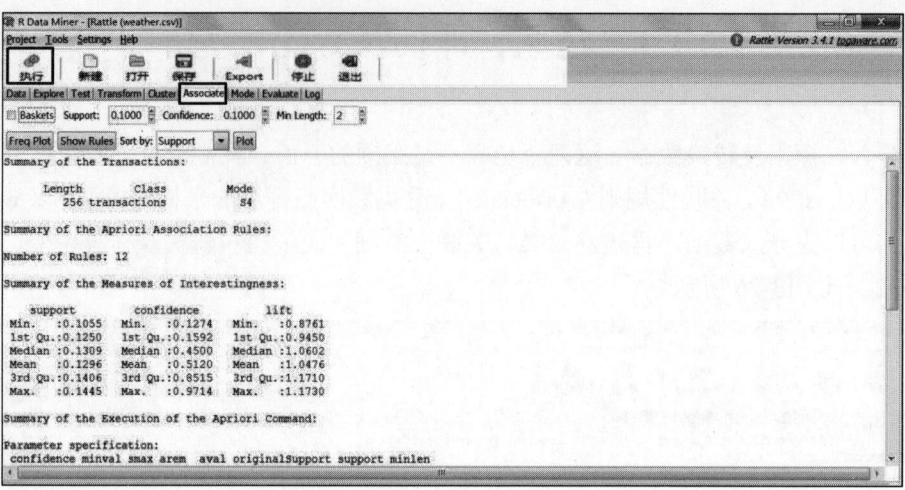

图 13-24　执行关联法则分析

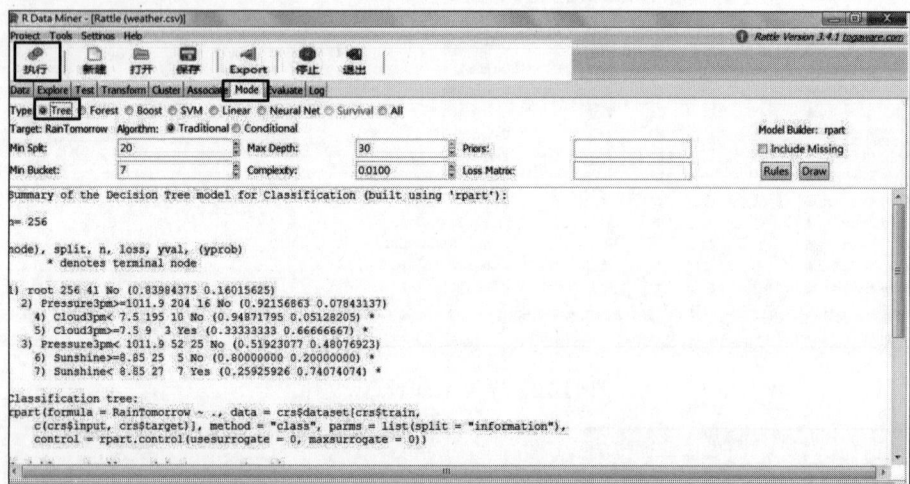

图 13-25　执行决策树算法

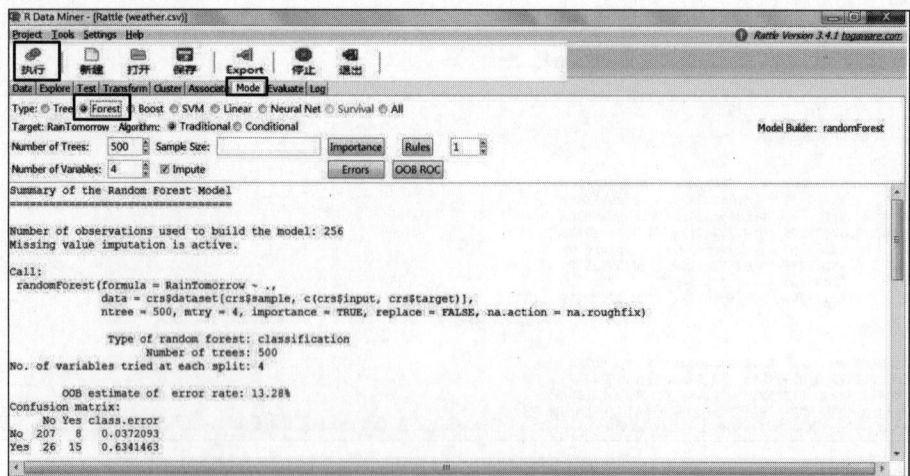

图 13-26　执行随机森林算法

建立模型后，我们可以评估已完成的模型的性能。以 weather.csv 为例，我们可以评估决策树和随机森林的误差矩阵（Error Matrix），其执行界面如图 13-27 所示。此外，我们还可以使用 rattle 提供的日志（Log）查看程序代码，如图 13-28 所示。也可以使用 pmml 包将 R 程序代码导出为 XML 格式的 PMML（Predictive Model Markup Language）文件。

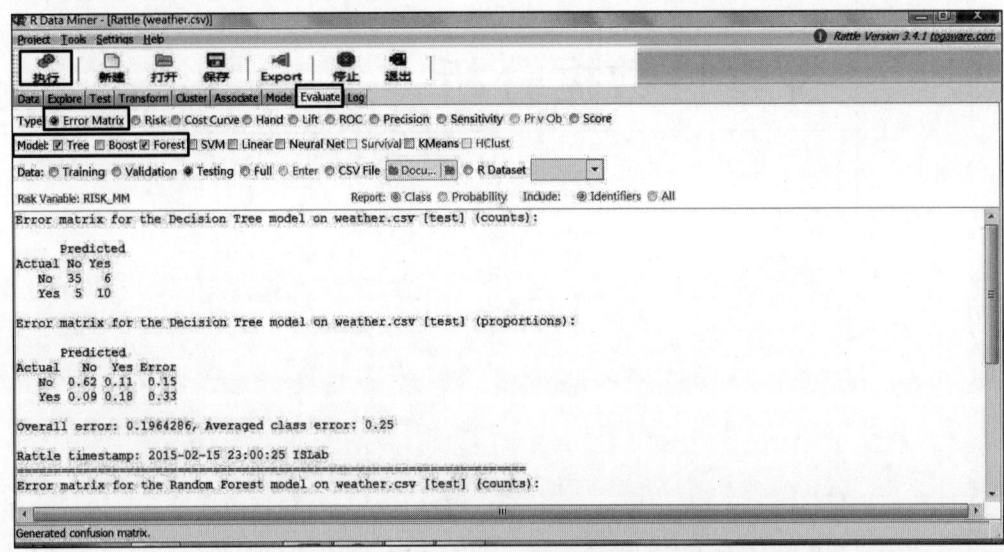

图 13-27　评估决策树和随机森林的误差矩阵

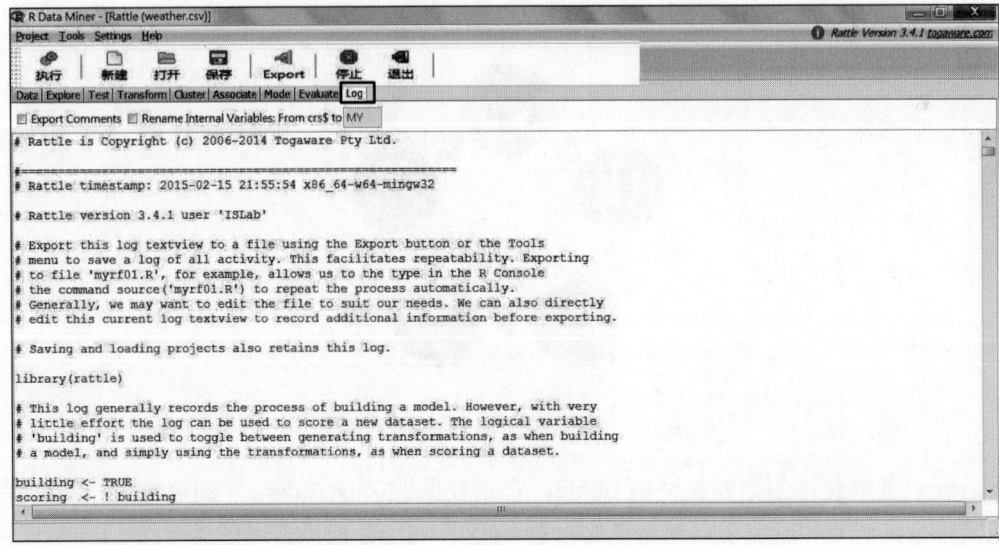

图 13-28　使用日志查看程序代码

13.5　习　　题

使用 rattle 分析关于银行定期存款的 bank.csv 文档。

第 14 章

探索性数据分析

14

探索性数据分析（Exploratory Data Analysis，EDA）是一个包括数据导入、数据清理、数据转换、算法构建和可视化等在内的循环流程，如图 14-1 所示。我们必须反复执行这些步骤，并根据需要随时调整，才能完成探索性数据分析。R 语言中的 tidyverse 包是一个非常实用的工具，它是多个相关包的集合，可用于进行探索性数据分析。

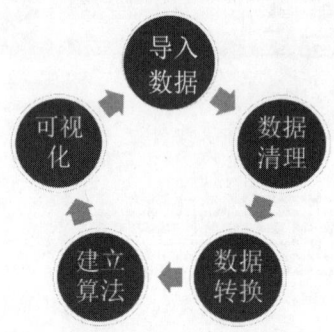

图 14-1　探索性数据分析的循环流程

tidyverse 主要使用的数据类型是 tibble，它是数据框（data.frame）的进化版，具有保持原数据格式不变的优点，避免了强制转换的问题。此外，tibble 的操作速度也较快。tidyverse 包还提供了管道（pipe）功能以及 dplyr 包和 ggplot2 包，后者可用于数据操作和绘图。

14.1　dplyr 数据处理库（包）

dplyr 提供了一些常用的数据处理函数，包括：select()、filter()、arrange()、mutate()、group_by()、n()和 summarise()。这些函数功能如下：

- select()：用于选择数据框中特定列（Column）。
- filter()：根据自定义的逻辑条件筛选数据。
- arrange()：对指定列的数据进行排序。
- mutate()：对现有列进行运算并生成新的列。
- group_by()：按指定列进行分组。
- n()：统计每个分组中数据的笔数。
- summarise()：对数据进行汇总统计并返回结果。

[范例程序 14-1]

首先，加载 tidyverse 包并导入 iris 数据集：

```
> library(tidyverse)
> data(iris)
```

调用 select()函数，选择 iris 中的 Petal.Length 和 Petal.Width 的两列数据，然后赋值给 sub_iris 对象：

```
> sub_iris <- select(iris, Petal.Length, Petal.Width)
```

显示 sub_iris 对象的前 6 行数据：

```
> head(sub_iris)
  Petal.Length Petal.Width
1          1.4         0.2
2          1.4         0.2
3          1.3         0.2
4          1.5         0.2
5          1.4         0.2
6          1.7         0.4
```

调用 filter()函数，筛选出符合 Petal.Length <1 或 Petal.Width <1 条件的前 6 行数据：

```
> head(filter(iris, Petal.Length < 1 | Petal.Width <1))
  Sepal.Length Sepal.Width Petal.Length Petal.Width Species
1          5.1         3.5          1.4         0.2  setosa
2          4.9         3.0          1.4         0.2  setosa
3          4.7         3.2          1.3         0.2  setosa
4          4.6         3.1          1.5         0.2  setosa
5          5.0         3.6          1.4         0.2  setosa
6          5.4         3.9          1.7         0.4  setosa
```

调用 filter()函数，筛选出 Petal.Length 为 1.4 且 Petal.Width 为 0.2 的前 6 行数据：

```
> head(filter(iris,  Petal.Length == 1.4 & Petal.Width == 0.2))
```

```
  Sepal.Length Sepal.Width Petal.Length Petal.Width Species
1      5.1         3.5         1.4          0.2     setosa
2      4.9         3.0         1.4          0.2     setosa
3      5.0         3.6         1.4          0.2     setosa
4      4.4         2.9         1.4          0.2     setosa
5      5.2         3.4         1.4          0.2     setosa
6      5.5         4.2         1.4          0.2     setosa
```

调用 arrange()函数按 Petal.Length 降序排序并显示前 6 行数据：

```
> head(arrange(iris, desc(Petal.Length)))
  Sepal.Length Sepal.Width Petal.Length Petal.Width   Species
1      7.7         2.6         6.9          2.3     virginica
2      7.7         3.8         6.7          2.2     virginica
3      7.7         2.8         6.7          2.0     virginica
4      7.6         3.0         6.6          2.1     virginica
5      7.9         3.8         6.4          2.0     virginica
6      7.3         2.9         6.3          1.8     virginica
```

调用 arrange()函数，先按 Petal.Length 降序排序，在按 Petal.Width 升序排序，并显示前 6 行数据：

```
> head(arrange(iris, desc(Petal.Length), Petal.Width))
Sepal.Length Sepal.Width Petal.Length Petal.Width  Species
1      7.7         2.6         6.9          2.3     virginica
2      7.7         2.8         6.7          2.0     virginica
3      7.7         3.8         6.7          2.2     virginica
4      7.6         3.0         6.6          2.1     virginica
5      7.9         3.8         6.4          2.0     virginica
6      7.3         2.9         6.3          1.8     virginica
```

调用 arrange()函数，先按 Petal.Width 升序排序，再按 Petal.Length 降序排序，并显示前 6 行数据：

```
> head(arrange(iris, Petal.Width, desc(Petal.Length)))
Sepal.Length Sepal.Width Petal.Length Petal.Width  Species
1      4.9         3.1         1.5          0.1     setosa
2      5.2         4.1         1.5          0.1     setosa
3      4.8         3.0         1.4          0.1     setosa
4      4.9         3.6         1.4          0.1     setosa
5      4.3         3.0         1.1          0.1     setosa
6      4.8         3.4         1.9          0.2     setosa
```

调用 mutate()函数，创建新列 Petal.Length.new，并显示前 6 行数据：

```
> head(mutate(iris, Petal.Length.new = Petal.Length/ 10))
  Sepal.Length Sepal.Width Petal.Length Petal.Width Species Petal.Length.new
1          5.1         3.5          1.4         0.2  setosa             0.14
2          4.9         3.0          1.4         0.2  setosa             0.14
3          4.7         3.2          1.3         0.2  setosa             0.13
4          4.6         3.1          1.5         0.2  setosa             0.15
5          5.0         3.6          1.4         0.2  setosa             0.14
6          5.4         3.9          1.7         0.4  setosa             0.17
```

调用 group_by()函数，按 Petal.Width 列进行分组，并显示前 6 行数据：

```
> by_Petal.Width <- group_by(iris, Petal.Width)
> head(by_Petal.Width)
Source: local data frame [6 x 5]
Groups: Petal.Width [2]


  Sepal.Length Sepal.Width Petal.Length Petal.Width Species
         <dbl>       <dbl>        <dbl>       <dbl>  <fctr>
1          5.1         3.5          1.4         0.2  setosa
2          4.9         3.0          1.4         0.2  setosa
3          4.7         3.2          1.3         0.2  setosa
4          4.6         3.1          1.5         0.2  setosa
5          5.0         3.6          1.4         0.2  setosa
6          5.4         3.9          1.7         0.4  setosa
```

调用 summarise()函数和 n()函数计算分组的数量（行数）以及 Petal.Width 的平均值：

```
> summarise(by_Petal.Width, n=n(), mean(Petal.Width))
# A tibble: 22×3
   Petal.Width     n 'mean(Petal.Width)'
         <dbl> <int>               <dbl>
1          0.1     5                 0.1
2          0.2    29                 0.2
3          0.3     7                 0.3
4          0.4     7                 0.4
5          0.5     1                 0.5
6          0.6     1                 0.6
7          1.0     7                 1.0
8          1.1     3                 1.1
9          1.2     5                 1.2
10         1.3    13                 1.3
# ... with 12 more rows
```

注意，以上两个函数会返回 tbl/tibble 格式的结果，若需要将其转换为数据框（data.frame），可以调用 as.data.frame()函数。

```
> df_by_Petal.Width <- as.data.frame(by_Petal.Width)
> str(df_by_Petal.Width)
'data.frame':   150 obs. of  5 variables:
 $ Sepal.Length: num  5.1 4.9 4.7 4.6 5 5.4 4.6 5 4.4 4.9 ...
 $ Sepal.Width : num  3.5 3 3.2 3.1 3.6 3.9 3.4 3.4 2.9 3.1 ...
 $ Petal.Length: num  1.4 1.4 1.3 1.5 1.4 1.7 1.4 1.5 1.4 1.5 ...
 $ Petal.Width : num  0.2 0.2 0.2 0.2 0.2 0.4 0.3 0.2 0.2 0.1 ...
 $ Species     : Factor w/ 3 levels "setosa","versicolor",..: 1 1 1 1 1 1 1 1
1 1 ...
```

我们也可以使用管道命令 pipe %>%完成上述程序。管道符将左边的 x 作为输入参数赋值给右边的 f 函数再输出结果，如图 14-2 所示。

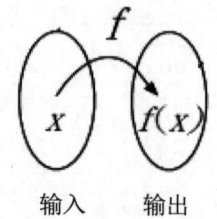

图 14-2   管道符的作用

```
> sub_iris <- select(iris, Petal.Length, Petal.Width)
> head(sub_iris)
  Petal.Length Petal.Width
1          1.4         0.2
2          1.4         0.2
3          1.3         0.2
4          1.5         0.2
5          1.4         0.2
6          1.7         0.4
> iris %>%
+   select(Petal.Length, Petal.Width) %>%
+   head()
  Petal.Length Petal.Width
1          1.4         0.2
2          1.4         0.2
3          1.3         0.2
4          1.5         0.2
5          1.4         0.2
6          1.7         0.4
```

ggplot()函数采用一种图层式的概念进行绘图，每个图层的数据可以来自不同的来源，并且每个变量可以映射（Mapping）到图形上的不同属性。ggplot()函数的基本元素包含数据（Data）、映射（Mapping）、几何对象（Geometric）、标尺（Scale）、统计（Statistics）、坐标系统（Coordinate）、图层（Layer）、分面（Facet）和主题（Theme）。此外，还有 qplot()函数，它仅支持单个数据来源和一组映射。

[范例程序 14-2]

调用 qplot()函数来显示图形：

```
> library(tidyverse)
```

使用 iris 数据集，以 Sepal.Length 为 X 轴、Sepal.Width 为 Y 轴，并以不同颜色显示 Species：

```
# X轴= Sepal.Length，Y轴=Sepal.Width
> qplot(data=iris, Sepal.Length, Sepal.Width, colour=Species)
```

运行结果如图 14-3 所示。

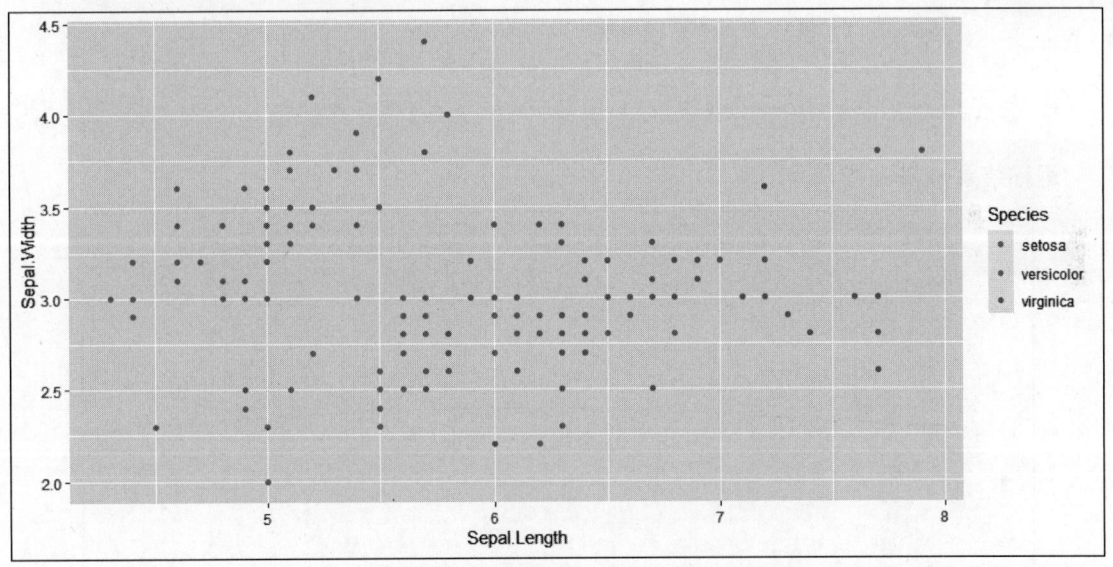

图 14-3　调用 qplot()函数以不同颜色显示 Species

以 Sepal.Length 为 X 轴、Sepal.Width 为 Y 轴，并以形状显示 Species：

```
> qplot(data=iris, Sepal.Length, Sepal.Width, shape=Species)
```

运行结果如图 14-4 所示。

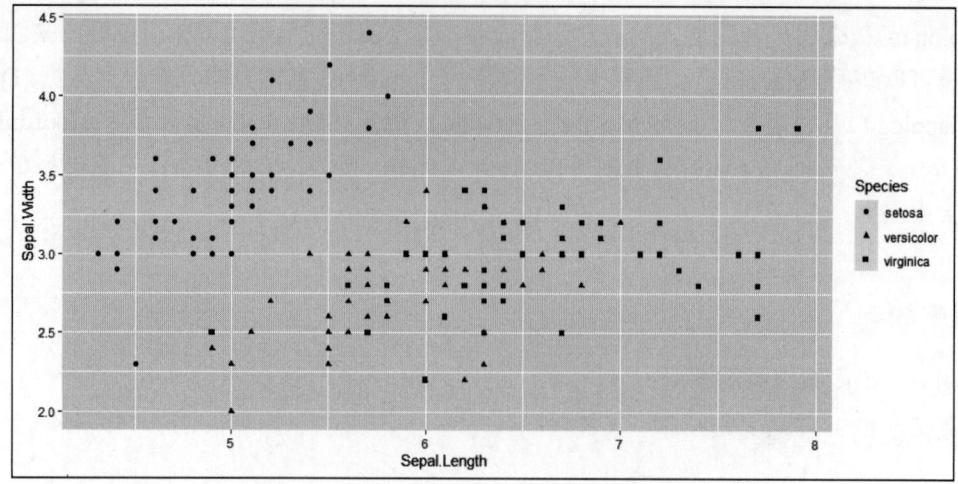

图 14-4　调用 qplot()函数以不同形状显示 Species

调用 ggplot()函数时，aes()用于映射。可以通过调用 geom_point()绘制散点图。

```
> iris1 <- iris %>%
+   filter(Sepal.Length > 5)
> ggplot(iris1, aes(x = Sepal.Length,
+                y = Sepal.Width,
+                color=Species)) + geom_point()
```

运行结果如图 14-5 所示。

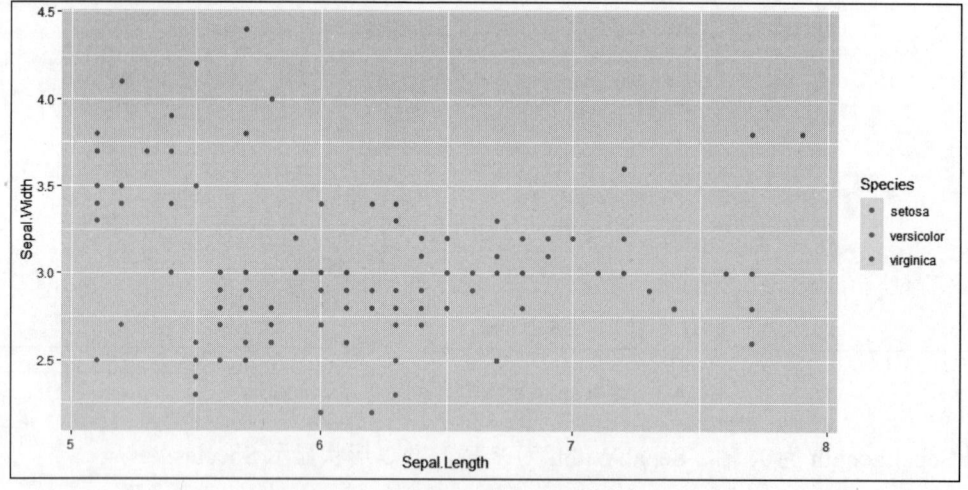

图 14-5　调用 ggplot()函数绘制散点图

可以在 aes()映射中增加尺寸参数：

```
> ggplot(iris1, aes(x = Sepal.Length,
+                y = Sepal.Width,
+                color=Species,
```

```
+              size=Petal.Length)) + geom_point()
```

运行结果如图 14-6 所示。

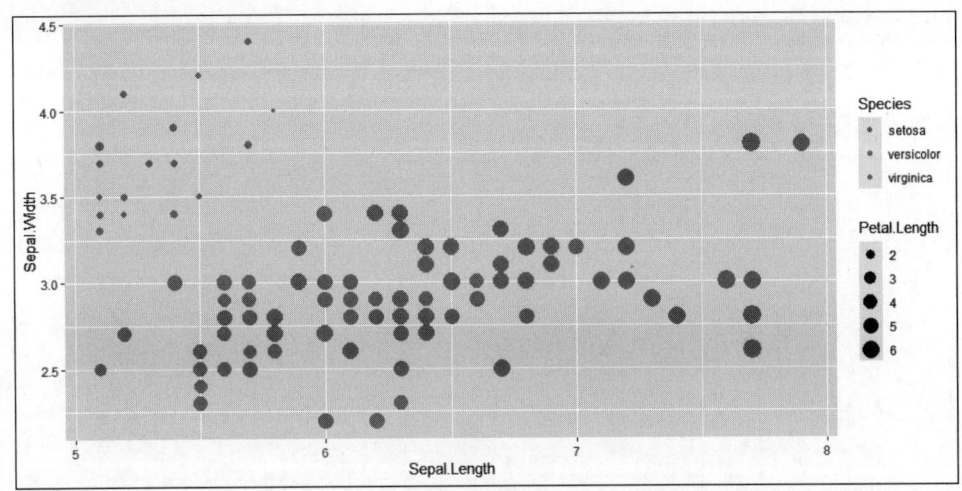

图 14-6　调用 ggplot()函数绘制散点图并增加映射参数

调用 ggplot()函数绘制散点图，并按 Species 分成 3 组，分面用于根据特定条件对数据进行分组，并分别绘图：

```
> ggplot(iris1, aes(x = Sepal.Length,
+              y = Sepal.Width,
+              size=Petal.Length)) +
+         geom_point() +
+         facet_wrap(~Species)
```

运行结果如图 14-7 所示。

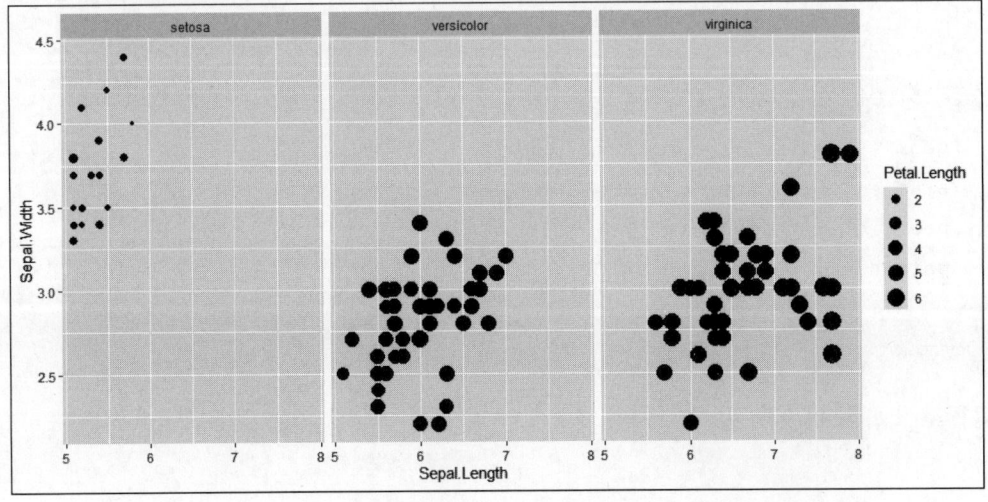

图 14-7　调用 ggplot()函数绘制散点图并按 Species 分成 3 组

调用 geom_line()函数可以绘制线，调用 geom_col()函数可以绘制条形图，调用 geom_histogram()函数可以绘制直方图，调用 geom_boxplot()函数可以绘制盒形图，等等。

```
> ggplot(iris1, aes(x = Sepal.Length,
+                   y = Sepal.Width)) + geom_line()
```

运行结果如图 14-8 所示。

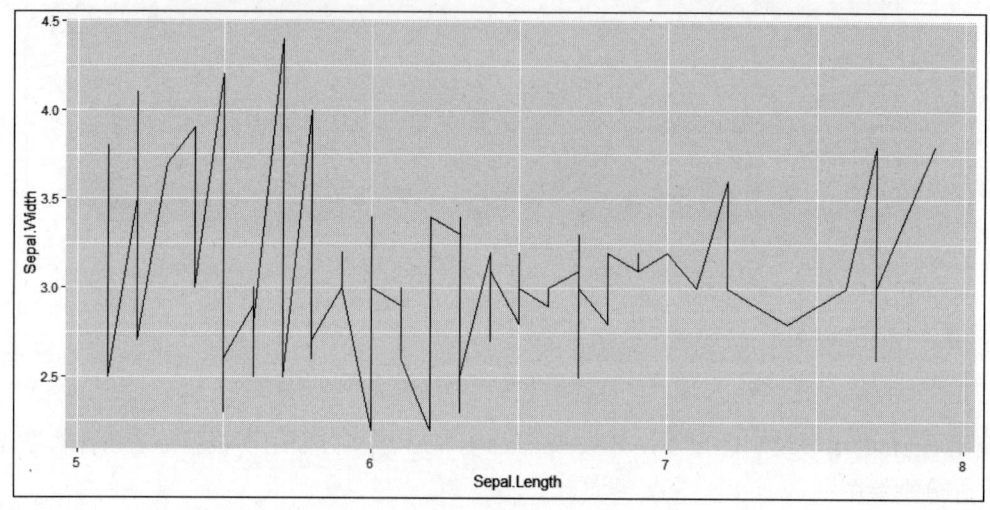

图 14-8   调用 geom_line()函数绘制线

我们也可以使用图层来绘图，My.plot1 中未包含任何图层，因此尚未显示任何图形。My.plot2 在 My.plot1 创建的绘图对象上添加一个 geom 图层并指定为 point，即可生成一张散点图。stat 与 position 参数分别用来指定统计方法和调整几何图形的位置。如果不需要特别指定与调整，可以使用 identity。params 用于指定 geom 与 stat 所需的参数。

```
> My.plot1=ggplot(iris1, aes(x = Sepal.Length,
+                    y = Sepal.Width,
+                    color=Species))
> My.plot2 <- My.plot1 + layer (
+   geom = "point" ,
+   stat = "identity" ,
+   position = "identity" ,
+   params = list(na.rm= FALSE)
+ )
> My.plot2
```

运行结果如图 14-9 所示。

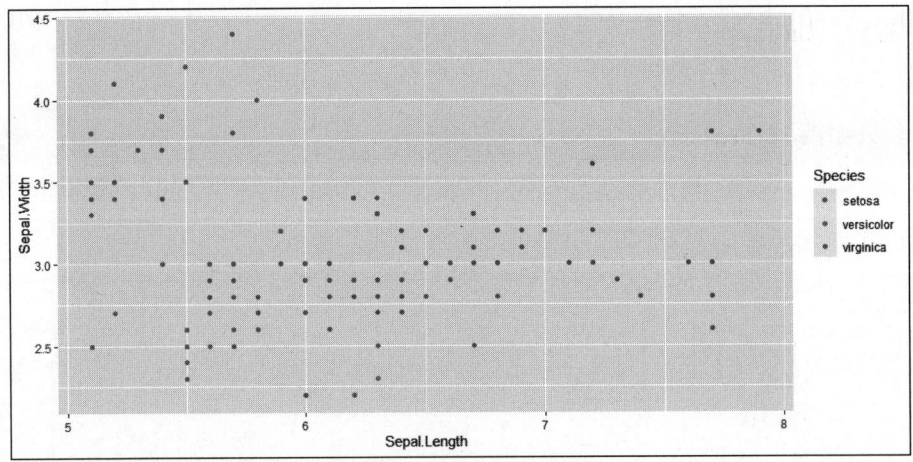

图 14-9　使用图层来绘图

使用标尺可以改变属性的显示方式，例如坐标刻度。可以通过标尺对坐标进行对数变换，或调用 scale_fill_manual()函数来设置颜色。

```
> ggplot(iris1, aes(x = Sepal.Length,
+                   y = Sepal.Width)) +
+                   scale_y_log10(limits = c(1, 10)) +
                    geom_line()
```

运行结果如图 14-10 所示。

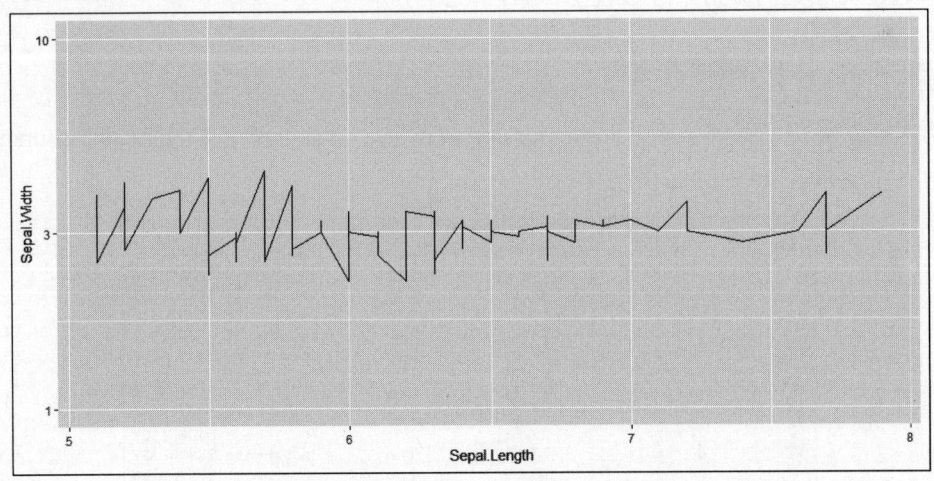

图 14-10　使用标尺对坐标进行对数变换

在调用 ggplot()绘图之后，可以通过主题来改变字体、字体大小、坐标轴、背景等。可调用 theme_bw()函数改为白色背景的主题，或调用 theme_classic()函数来使用传统的主题。

```
> ggplot(iris1, aes(x = Sepal.Length,
+                   y = Sepal.Width)) +
+                   scale_y_log10(limits = c(1, 10)) +
```

```
+                    geom_line()+
+                    theme_bw()
```

运行结果如图 14-11 所示。

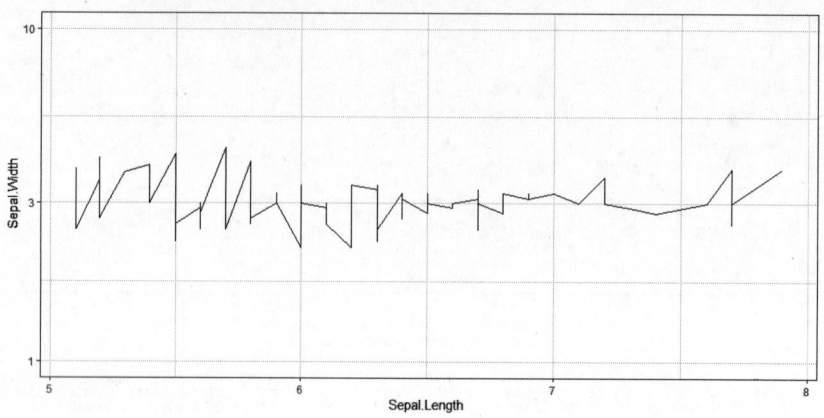

图 14-11　调用 theme_bw()函数改为白色背景的主题

14.2　案 例 分 析

本节通过实际案例分析来综合说明探索性数据分析。

[范例程序 14-3]　医疗保险费用案例

分析医疗保险费用案例，使用 insurance.csv 数据集，读者可使用本书提供的 insurance.csv，数据集有 6 个变量，如图 14-12 所示。

	A	B	C	D	E	F	G
1	age	sex	bmi	children	smoker	region	charges
2	19	female	27.9	0	yes	southwest	16884.924
3	18	male	33.77	1	no	southeast	1725.5523
4	28	male	33	3	no	southeast	4449.462
5	33	male	22.705	0	no	northwest	21984.471
6	32	male	28.88	0	no	northwest	3866.8552
7	31	female	25.74	0	no	southeast	3756.6216
8	46	female	33.44	1	no	southeast	8240.5896
9	37	female	27.74	3	no	northwest	7281.5056
10	37	male	29.83	2	no	northeast	6406.4107
11	60	female	25.84	0	no	northwest	28923.137
12	25	male	26.22	0	no	northeast	2721.3208
13	62	female	26.29	0	yes	southeast	27808.725
14	23	male	34.4	0	no	southwest	1826.843
15	56	female	39.82	0	no	southeast	11090.718
16	27	male	42.13	0	yes	southeast	39611.758
17	19	male	24.6	1	no	southwest	1837.237
18	52	female	30.78	1	no	northeast	10797.336
19	23	male	23.845	0	no	northeast	2395.1716
20	56	male	40.3	0	no	southwest	10602.385
21	30	male	35.3	0	yes	southwest	36837.467
22	60	female	36.005	0	no	northeast	13228.847
23	30	female	32.4	1	no	southwest	4149.736

图 14-12　insurance.csv 数据集

各参数说明如下：

- age（年龄）：主要受益人年龄。
- sex（性别）：受益人性别（男、女）。
- bmi（身体质量指数）：国际上常用的衡量人体胖瘦程度以及是否健康的一个标准，计算公式为体重与身高的平方之比，理想范围下为 18.5～24.9。
- children（儿童）：抚养人数/健康保险涵盖的儿童人数。
- smoker（吸烟者）：表示受益人是否吸烟。
- region（地区）：表示受益人居住的地区。
- charges（费用）：健康保险支付的个人医疗费用。

```
> library(rattle)          # 访问天气数据集和实用工具
> library(magrittr)        # 使用 %>% 和 %<>% 管道操作符
> library(e1071)
> library(rpart)
> library(rpart.plot)
> library(ggplot2)
> library(randomForest)
> library(Hmisc, quietly=TRUE)


> building <- TRUE
> scoring  <- ! building


# 设置随机数的种子数，结果可重复操作
> crv$seed <- 42
> set.seed(crv$seed)


# 读取数据集
> fname        <- "file:///C:/Temp/insurance.csv"
> crs$dataset <- read.csv(fname, encoding="UTF-8")


# 设置70%为训练集、30%为测试集
# nobs=1338 train=936 test=402


> crs$nobs <- nrow(crs$dataset)
> crs$train <- sample(crs$nobs, 0.7*crs$nobs)
> crs$validate <- NULL


> crs$nobs %>%
>  seq_len() %>%
> setdiff(crs$train) %>%
```

```
> setdiff(crs$validate) ->
> crs$test


> length(crs$train)
> length(crs$test)
```

设置输入、输出变量和类型
```
> crs$input    <- c("age", "sex", "bmi", "children", "smoker","region")
> crs$numeric   <- c("age", "bmi", "children")
> crs$categoric <- c("sex", "smoker", "region")
> crs$target    <- "charges"
> crs$risk      <- NULL
> crs$ident     <- NULL
> crs$ignore    <- NULL
> crs$weights   <- NULL


```
调用Hmisc库的函数显示数据基本统计信息
```
> contents(crs$dataset[crs$train, c(crs$input, crs$risk, crs$target)])
> summary(crs$dataset[crs$train, c(crs$input, crs$risk, crs$target)])


     age            sex              bmi          children         smoker
 Min.   :18.00   Length:936      Min.   :17.29   Min.   :0.000   Length:936
 1st Qu.:27.00   Class :character 1st Qu.:26.41   1st Qu.:0.000   Class :character
 Median :40.00   Mode  :character Median :30.69   Median :1.000   Mode  :character
 Mean   :39.61   Mean   :30.87   Mean   :1.107
 3rd Qu.:52.00   3rd Qu.:34.87   3rd Qu.:2.000
 Max.   :64.00   Max.   :53.13   Max.   :5.000


     region          charges
 Length:936       Min.   : 1136
 Class :character 1st Qu.: 4845
 Mode  :character Median : 9675
                  Mean   :13365
                  3rd Qu.:16580
                  Max.   :63770
```

我们可以使用盒形图分析地区、吸烟、性别、儿童和身体质量指数（BMI）与医疗保险费用之间的关系。

地区与医疗保险费用的关系：

```
# Charges vs region, visualization
> ggplot(data = crs$dataset, aes(x=region, y=charges)) +
> geom_boxplot(fill = c(6:9))+
```

```
> ggtitle("Medical charges per region")
```

从图 14-13 可知，所有地区的医疗保险费用几乎相同。

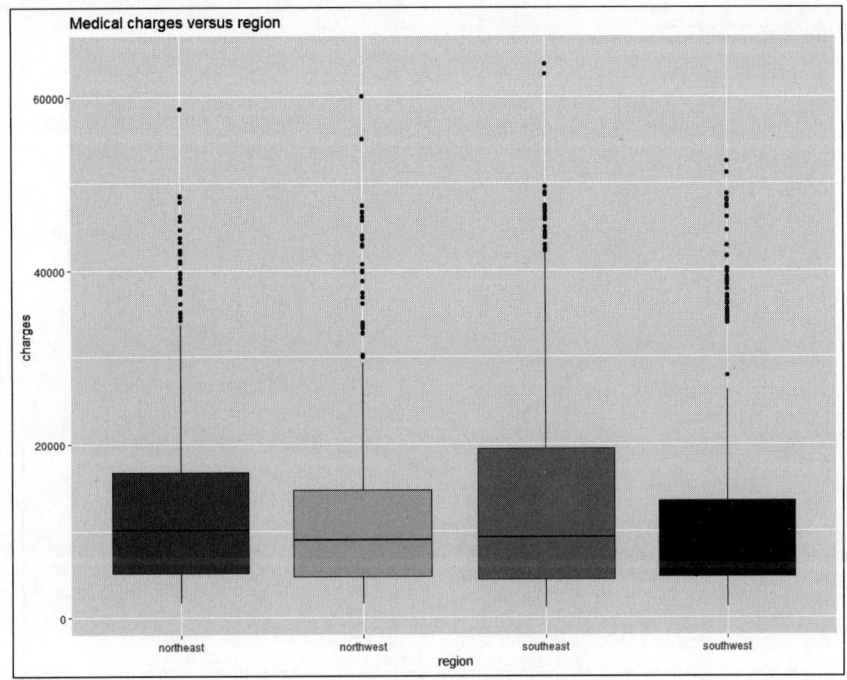

图 14-13　地区与医疗保险费用关系的盒形图

吸烟与医疗保险费用的关系：

```
# Charges vs smoking
charge_mean <- function(x){
  return (round((data.frame(y=mean(x),label=mean(x,na.rm=T))),2))}


ggplot(data = crs$dataset, aes(x=smoker, y=charges)) +
  geom_boxplot(fill = c(6:7))+
  stat_summary(fun.y = mean,geom="point",colour="darkred",size=3) +
  stat_summary(fun.data = charge_mean,geom="text",vjust=-0.7) +
  ggtitle("Medical charges versus smoking")
```

从图 14-14 中的吸烟与医疗保险费用关系的盒形图可知，与非吸烟者相比，吸烟者的医疗保险费用（32050.23）平均值很高，几乎是非吸烟者费用的 4 倍。盒形图中的圆点代表医疗保险费用的平均值。

性别与医疗保险费用的关系：

```
# Medical Charges based on gender
> ggplot(data = crs$dataset, aes(x=sex, y=charges)) +
>  geom_boxplot(fill = c(6:7))+
```

```
> stat_summary(fun.y=mean, geom="point",colour="darkred", size=3) +
> stat_summary(fun.data = charge_mean, geom="text", vjust=-0.8) +
> ggtitle("Medical charges versus gender")
```

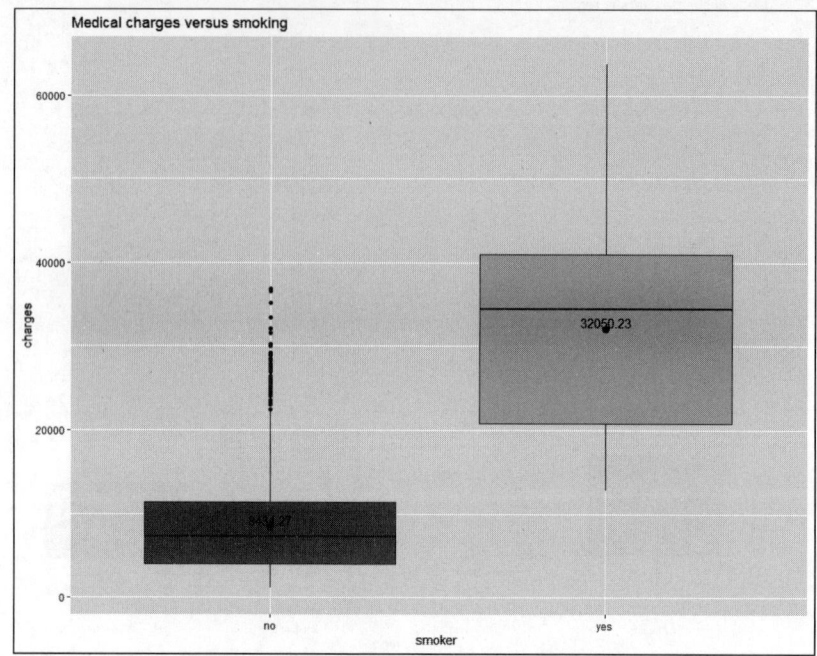

图 14-14　吸烟与医疗保险费用关系的盒形图

从图 14-15 中的性别与医疗保险费用关系的盒形图可知，男性和女性的医疗保险费用几乎相同，且与性别无关。

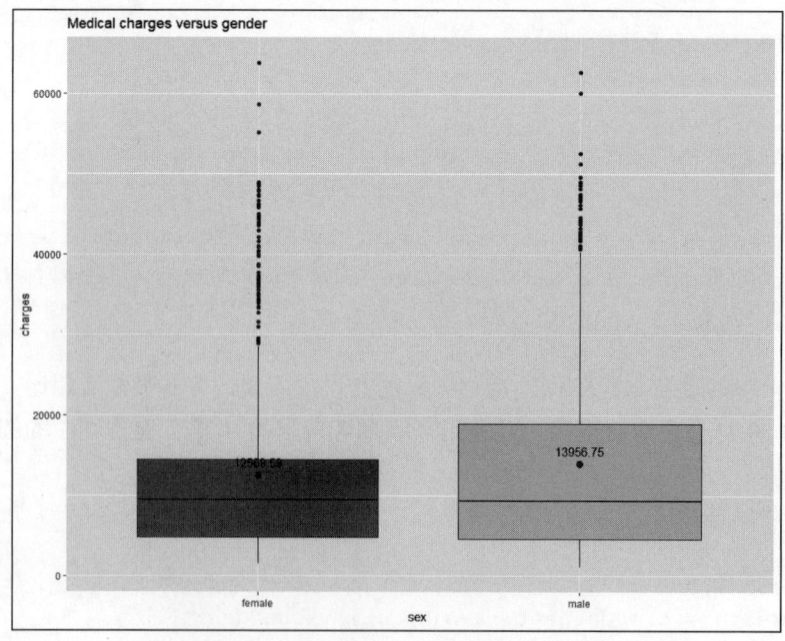

图 14-15　性别与医疗保险费用关系的盒形图

儿童的数量与医疗保险费用的关系：

```
# Medical Charges based on children
ggplot(data = crs$dataset, aes(x=factor(children), y=charges)) +
  geom_boxplot(aes(fill = children))+
  stat_summary(fun = mean, geom="point",colour="darkred", size=3) +
  stat_summary(fun.data = charge_mean, geom="text", vjust=-0.8) +
  ggtitle("Medical charges versus children")
```

从图 14-16 所示儿童的数量与医疗保险费用关系的盒形图可知，有两个儿童的医疗保险费用较高，而 5 个儿童的医疗保险费用较低。

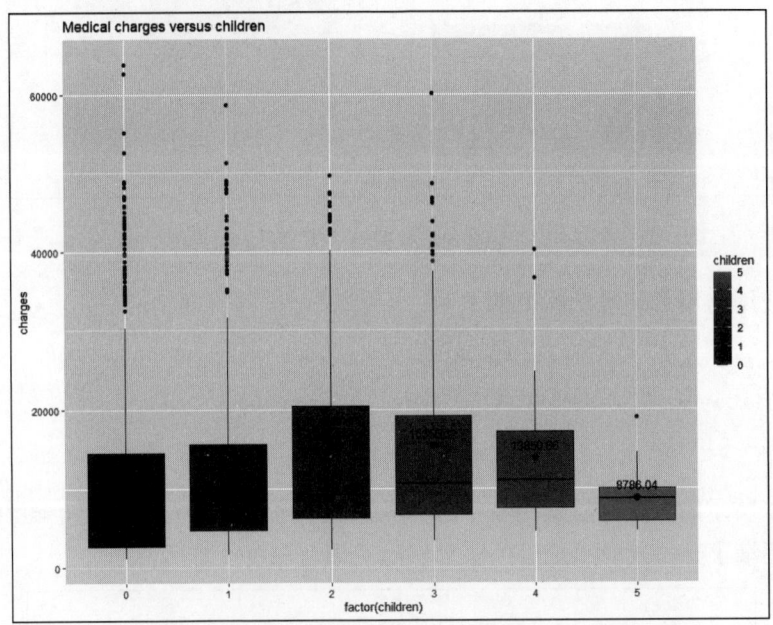

图 14-16　儿童的数量与医疗保险费用关系的盒形图

肥胖与医疗保险费用的关系，肥胖者通过 BMI > 30 来定义：

```
# Medical cost by BMI
crs$dataset$obesity <- ifelse(crs$dataset$bmi > 30, "yes", "no")
head(crs$dataset$obesity, n=2)

ggplot(data = crs$dataset, aes(x=factor(obesity), y=charges)) +
  geom_boxplot(aes(fill = obesity))+
  stat_summary(fun = mean, geom="point",colour="darkred", size=3) +
  stat_summary(fun.data = charge_mean, geom="text", vjust=-0.8) +
  ggtitle("Medical charges versus obesity")
```

从图 14-17 的肥胖与医疗保险费用关系的盒形图可知，肥胖者的医疗保险费用比非肥胖者高出近 50%。

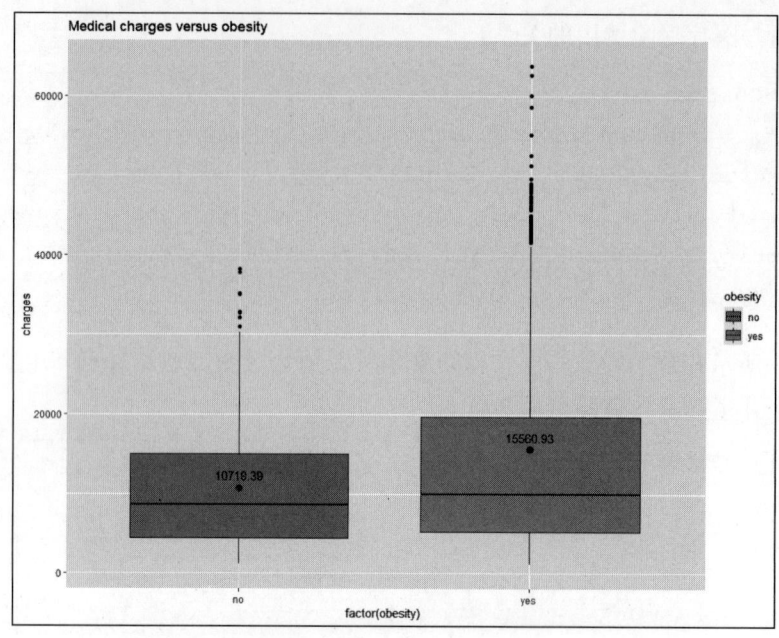

图 14-17   肥胖与医疗保险费用关系的盒形图

医疗保险费用与年龄和吸烟状况的关系：

```
#plot(age,charges,col=smoker)
> ggplot(data=crs$dataset, aes(x=age, y=charges)) +
> geom_point(aes(colour = factor(smoker)))
```

从图 14-18 所示的医疗保险费用与年龄和吸烟状况的关系中可以看出，随着年龄的增长，医疗保险费用逐渐上升，同时吸烟者的医疗保险费用普遍高于非吸烟者。

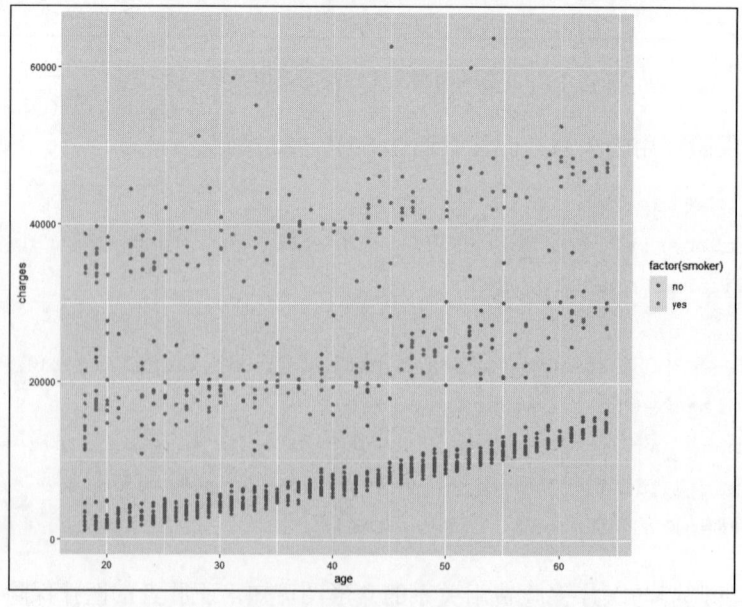

图 14-18   医疗保险费用与年龄和吸烟状况的关系

使用决策树：

```
# Build the Decision Tree model.
> crs$rpart <- rpart(charges ~ .,
+    data=crs$dataset[crs$train, c(crs$input, crs$target)],
+    method="anova",parms=list(split="information"),
+    control=rpart.control(usesurrogate=0,maxsurrogate=0),
+    model=TRUE)
```

产生 5 条决策树规则：

```
# Generate a textual view of the Decision Tree model.
> print(crs$rpart)

n= 936
node), split, n, deviance, yval
    * denotes terminal node

 1) root 936 137095400000 13365.130
   2) smoker=no 747  27880480000  8630.720
     4) age< 42.5 400   8342459000  5333.457 *
     5) age>=42.5 347  10176250000 12431.600 *
   3) smoker=yes 189  26293480000 32077.340
     6) bmi< 30.1 89   2047455000 21078.980 *
     7) bmi>=30.1 100  3898677000 41865.880
      14) age< 41.5 56  1272613000 38534.450 *
      15) age>=41.5 44  1213537000 46105.880 *
```

生成决策树图：

```
> rpart.plot(crs$rpart,type=0)
```

结果如图 14-19 所示。
预测测试数据集和计算 RMSE：

```
# Predict value
> crs$pr <- predict(crs$rpart, newdata=crs$dataset[crs$test,
+ c(crs$input)])
> rmse=sqrt(sum((crs$pr - crs$test)^2)/length(crs$test))
> print(paste0("Decision tree RMSE: ", round(rmse,2)))
[1] "Decision tree RMSE: 16855.77"
```

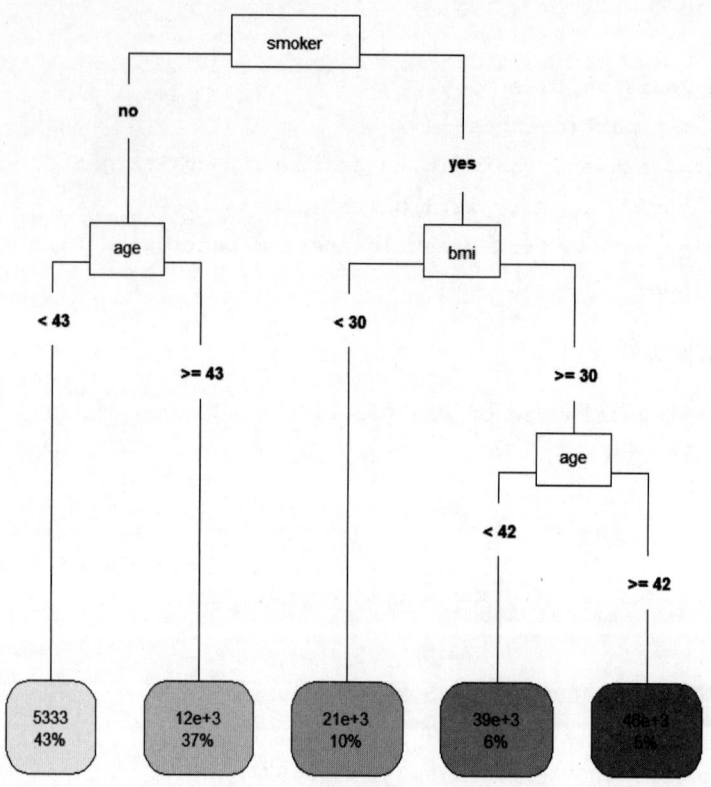

图 14-19　决策树图

使用随机森林进行分析：

```
#create random forest model
> crs$rf <- randomForest(charges ~ .,
+                  data=crs$dataset[crs$train, c(crs$input,
+                  crs$target)],
+                  ntree=500,
+                  mtry=2,
+                  importance=TRUE,
+                  replace=FALSE)
> crs$rf

Call:
  randomForest(formula = charges ~ ., data = crs$dataset[crs$train,c(crs$input,
crs$target)], ntree = 500, mtry = 2, importance = TRUE, replace = FALSE)
           Type of random forest: regression
                Number of trees: 500
  No. of variables tried at each split: 2


      Mean of squared residuals: 22985473
```

```
                % Var explained: 84.31
```

计算变量的重要性：

```
> n <- crs$rf %>%
+   importance() %>%
+   round(2)
> rn[order(rn[,1], decreasing=TRUE),]

          %IncMSE IncNodePurity
smoker     151.05    51353266834
age         70.85    10987855761
bmi         62.48    11671008665
children    13.83     1745717172
region       5.77     1194991426
sex         -2.98      486918760
```

从以上结果可知，smoker、age 和 bmi 是排名前三的重要变量。

绘制随机森林误差图：

```
> plot(crs$rf, main="")
> legend("topright", c(""), text.col=1: 6, lty=1: 3, col=1: 3)
> title(main="Random Forest")
```

运行结果如图 14-20 所示。

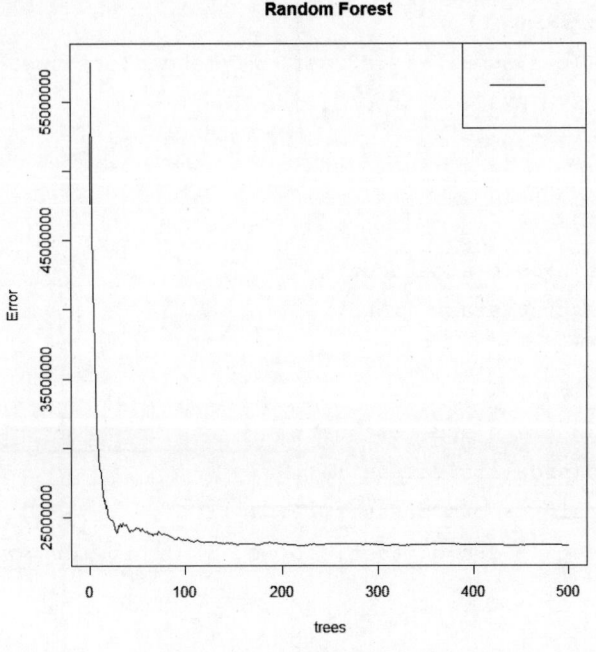

图 14-20　随机森林误差图

使用 SVM 进行分析：

```
> crs$svm <- svm(charges ~ .,
+          data=crs$dataset[crs$train, c(crs$input, crs$target)],
+          type="nu-regression",
+          decision.values = TRUE
+ )
>
> print(crs$svm)

Call:
svm(formula = charges ~ ., data = crs$dataset[crs$train, c(crs$input,
crs$target)],
     type = "nu-regression", decision.values = TRUE)


Parameters:
   SVM-Type:  nu-regression
   SVM-Kernel:  radial
        cost:  1
        nu:  0.5
```

预测测试数据集和计算 RMSE：

```
> crs$svmpr <- predict(crs$svm, newdata=crs$dataset[crs$test,
+          c(crs$input)])
> rmse=sqrt(sum((crs$svmpr - crs$test)^2)/length(crs$test))
> print(paste0("SVM RMSE: ", round(rmse,2)))
[1] "SVM RMSE: 15702.96"
```

重新抽样：

```
> rows <- sample(nrow(crs$dataset))
> crs$dataset <- crs$dataset[rows, ]

# 70%为训练集，30%为测试集
# Split the 70/30 train and test data
> split <- round(nrow(crs$dataset) * 0.7  )
> crs$dataset_train <- crs$dataset[1 : split, ]
> crs$dataset_test <- crs$dataset[(split +1) : nrow(crs$dataset),]
```

建立线性回归模型：

```
#Create Model
```

```
> lm.fit <- lm(charges ~ . , data = crs$dataset_train)
> summary(lm.fit)


Call:
lm(formula = charges ~ ., data = insurance_train)


Residuals:
   Min    1Q Median    3Q    Max
-11915  -2861   -936  1366  25195


Coefficients:
                 Estimate Std. Error t value Pr(>|t|)
(Intercept)     -11825.99    1189.73  -9.940   <2e-16 ***
age                253.74      14.17  17.911   <2e-16 ***
sexmale            -17.72     399.19  -0.044   0.9646
bmi                337.02      34.22   9.850   <2e-16 ***
children           375.10     163.09   2.300   0.0217 *
smokeryes        24122.00     496.06  48.627   <2e-16 ***
regionnorthwest   -180.28     571.95  -0.315   0.7527
regionsoutheast   -797.99     574.07  -1.390   0.1648
regionsouthwest   -688.89     573.75  -1.201   0.2302
---
Signif. codes:  0 '***' 0.001 '**' 0.01 '*' 0.05 '.' 0.1 ' ' 1


Residual standard error: 6059 on 928 degrees of freedom
Multiple R-squared:  0.753, Adjusted R-squared:  0.7509
F-statistic: 353.7 on 8 and 928 DF,  p-value: < 2.2e-16
```

训练集的 R-squared 值为 0.753。由于 R-squared 值越接近 1，模型拟合程度越好，我们可以使用合成变量（bmi*smoker*age）进行优化。

```
> lm.fit2 <- lm(charges ~ age +sex + bmi + children + smoker + region + bmi *
smoker *age, data=insurance_train)
> summary(lm.fit2)


Call:
lm(formula = charges ~ age + sex + bmi + children + smoker +
    region + bmi * smoker * age, data = insurance_train)


Residuals:
     Min      1Q   Median      3Q      Max
-10643.7 -1771.0  -1258.7  -466.8  30842.2
```

```
Coefficients:
                  Estimate Std. Error t value Pr(>|t|)
(Intercept)       -1552.436   2718.763  -0.571 0.568133
age                 229.324     67.234   3.411 0.000676 ***
sexmale            -560.977    320.192  -1.752 0.080105 .
bmi                 -22.990     88.130  -0.261 0.794252
children            432.609    132.612   3.262 0.001146 **
smokeryes        -14057.443   6110.710  -2.300 0.021644 *
regionnorthwest    -126.384    451.886  -0.280 0.779785
regionsoutheast   -1101.930    458.251  -2.405 0.016384 *
regionsouthwest    -648.878    454.593  -1.427 0.153807
bmi:smokeryes      1268.942    196.684   6.452 1.78e-10 ***
age:bmi               1.503      2.152   0.698 0.485121
age:smokeryes      -153.643    153.923  -0.998 0.318454
age:bmi:smokeryes     4.200      4.920   0.854 0.393578
---
Signif. codes:  0 '***' 0.001 '**' 0.01 '*' 0.05 '.' 0.1 ' ' 1

Residual standard error: 4840 on 924 degrees of freedom
Multiple R-squared:  0.8415,  Adjusted R-squared:  0.8395
F-statistic: 408.9 on 12 and 924 DF,  p-value: < 2.2e-16
```

训练集的 R-squared 值变为 0.8415。

预估测试集的医疗保险费用并计算 R-squared 值：

```
> insurance_test$predict <- predict(lm.fit2, newdata=insurance_test)
> rss <- sum((insurance_test$predict - insurance_test$charges)^2)
> tss <- sum((insurance_test$charges - mean(insurance_test$charges))^2)
> (rsq = 1- (rss/tss))
[1] 0.8384732
```

由以上可知，测试集 R-squared 值为 0.8384732。

计算测试集的医疗保险费用 RMSE：

```
> rmse=sqrt(sum((insurance_test$predict -
+ insurance_test$charges)^2)/nrow(insurance_test))
> rmse
[1] 4894.962
> print(paste0("Linear model RMSE: ", round(rmse,2)))
[1] "Linear model RMSE: 4894.96"
```

绘制测试集的预估医疗保险费用，运行结果如图 14-21 所示。

```
> #Visualization of prediction
> ggplot(data=insurance_test, aes(x=predict, y=charges))+
+   geom_point()+
+   geom_abline()
```

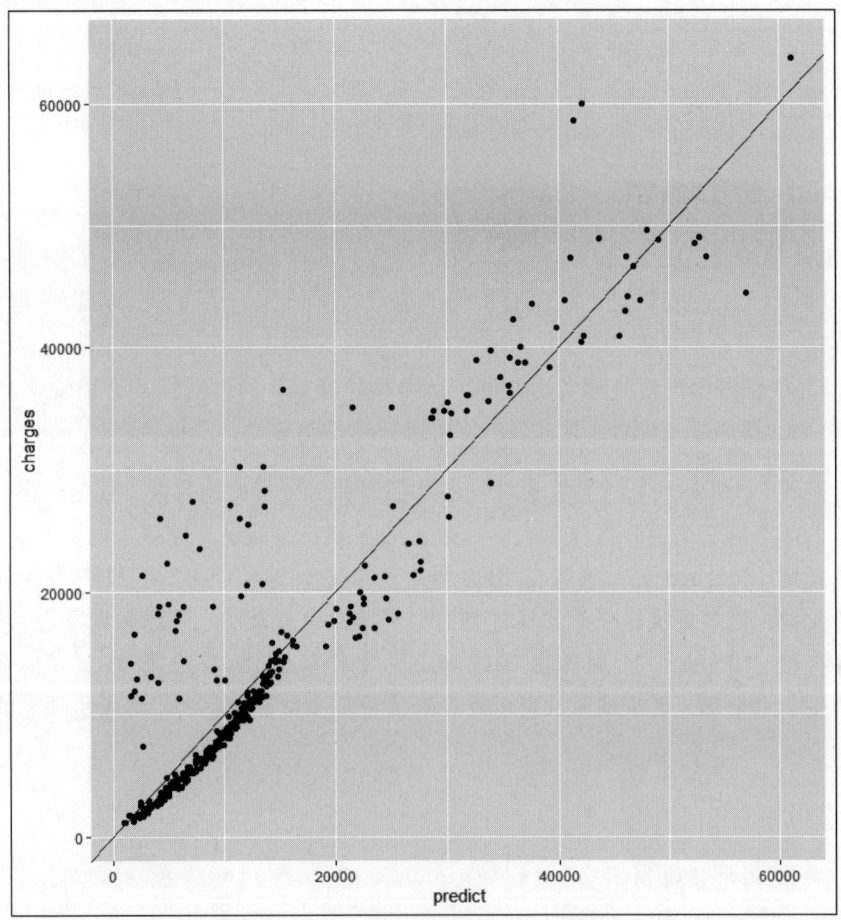

图 14-21　预估测试集的医疗保险费用图

预估年轻男性的医疗保险费用：

```
> guy <- data.frame(age = 15,
+             sex="male",
+             bmi = 27.9,
+             children = 0,
+             smoker = "no",
+             region = "northwest")
> print(paste0("Medical charges for a teen ager: ",
+ round(predict(lm.fit2, guy), 2)))
[1] "Medical charges for a teen ager: 1187.53"
```

预估老年男性的医疗保险费用：

```
> man <- data.frame(age = 70,
+                   sex="male",
+                   bmi = 35,
+                   children = 2,
+                   smoker = "yes",
+                   region = "northwest")
> print(paste0("Medical charges for a man: ", round(predict(lm.fit2, man), 2)))
[1] "Medical charges for a man: 47445.09"
```

[范例程序 14-4]　超市顾客客群分析案例

本案例以某超市提供的会员基本信息与交易数据为基础数据源，结合数据挖掘中的聚类分析技术，深入分析公司的交易类型，挖掘有价值的客户行为特征，从而为公司提供决策支持。通过聚类分析识别出 4 类不同的客户群体，并针对每一类客户制定相应的营销策略，实现精准营销，提升顾客对商品的偏好匹配度与消费忠诚度，最终构建高效、有针对性的营销模式。

在本案例中，采用了 RFM 模型对客户价值进行评估与分类，具体说明如下：

- 最近购买日（Recency）：顾客最近一次购买商品到分析时的天数。数值越小，表示顾客近期有到超市购买商品；数值越大，则表示顾客较长时间没有到超市购买商品。
- 购买频率（Frequency）：顾客在 2009 年 1 月 1 日至 2010 年 12 月 31 日期间在超市购买商品的次数。数值越大，表示顾客经常购买商品；数值越小，表示顾客不经常购买。
- 购买金额（Monetary）：顾客在 2017 年 1 月 1 日至 2018 年 12 月 31 日期间在超市购买商品的平均总金额。数值越大，表示顾客的消费能力越高，反之，则表示顾客的消费能力越低。

首先，引用相关包（或库）：

```
> library(magrittr) # Utilise %>% and %<>% pipeline operators.
> library(e1071)
> library(rpart)
> library(rpart.plot)
> library(ggplot2)
> library(randomForest)
> library(NbClust)
```

由于本案例采用 RFM 模型，首先调用 getRFM 函数计算 RFM 值。

```
getRFM <- function(df,startDate,endDate,tIDColName="ID", tDateColName="Date",
tAmountColName="Amount")
```

参数说明如下：

- df: 包含客户 ID、日期和交易金额的数据框。
- startDate: 交易的开始日期，所有在该日期之后的交易将被保留。
- endDate: 交易的结束日期，与开始日期一起使用来设置时间范围。
- tIDCOLName: 在输入数据框中包含客户 ID 的列名称。
- tDateColName: 在输入数据框中包含日期的列名称。
- tAmountColName: 在数据框中包含交易金额的列名称。

读取 super.csv 并统计基本数据：

```
> aaa=read.csv("c:/Temp/super.csv", header=T, sep="," ,
            stringsAsFactors=F)
> name=c("shop","ID","Date","Amount")
> names(aaa) <- name
> str(aaa)
> summary(aaa)
     shop            ID            Date             Amount
 Min.   :1023   Min.   :   1   Length:12969     Min.   : -149.0
 1st Qu.:1023   1st Qu.: 856   Class :character  1st Qu.: 349.0
 Median :1051   Median :1814   Mode :character   Median : 571.0
 Mean   :1206   Mean   :1907                     Mean   : 763.6
 3rd Qu.:1069   3rd Qu.:2824                     3rd Qu.: 936.0
 Max.   :4002   Max.   :4377                     Max.   :12631.0
```

调用 ggplot()函数显示超市编号、客户 ID 和交易金额的数据：

```
> ggplot(data=aaa, aes(x=shop, y=sum(Amount), color=ID))+
+  geom_count()
```

结果如图 14-22 所示。

删除不使用的字段：

```
> a=aaa[,-1] #Remove the shop field
> str(a)
'data.frame':  12969 obs. of  3 variables:
 $ ID    : int  1 1 2 2 3 3 4 5 5 5 ...
 $ Date  : chr  "2009/5/29" "2009/10/25" "2009/9/11" "2009/9/16" ...
 $ Amount: int  199 1488 389 346 495 296 370 424 351 368 ...
```

转换为日期格式：

```
> a$Date = as.Date(a$Date,"%Y/%m/%d")
> head(a)
  ID       Date Amount
1  1 2009-05-29    199
```

```
2  1 2009-10-25    1488
3  2 2009-09-11     389
4  2 2009-09-16     346
5  3 2009-04-11     495
6  3 2009-04-10     296
```

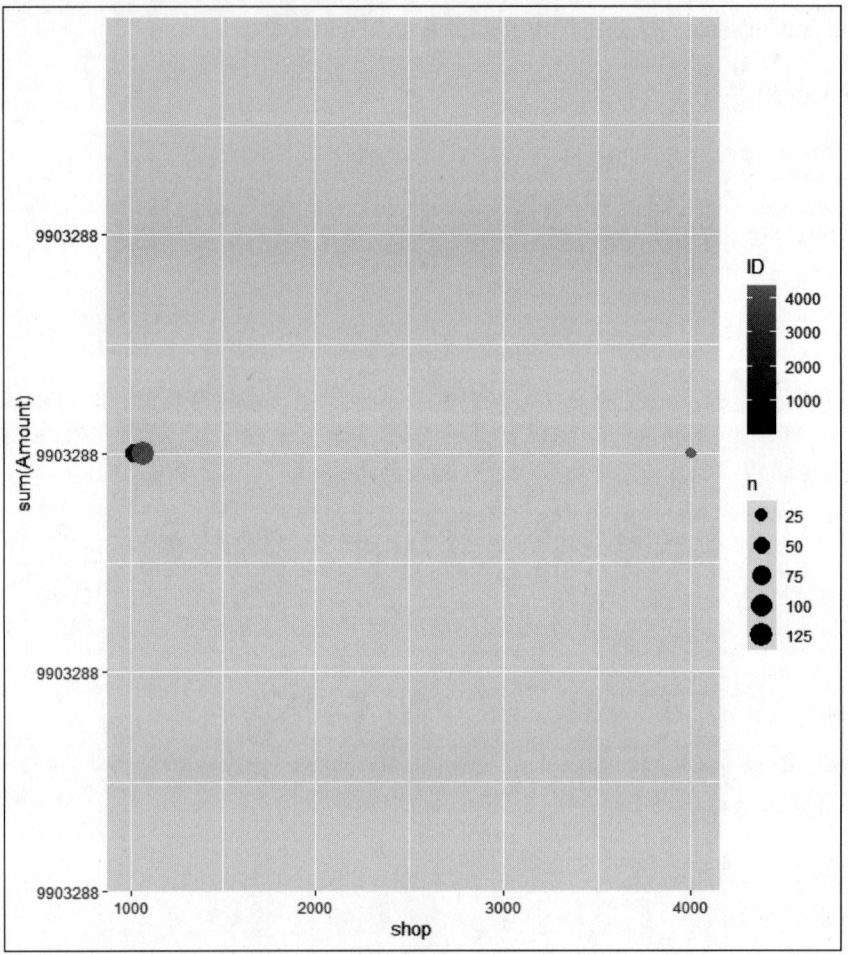

图 14-22   超市编号、客户 ID 和交易金额图

设置交易的开始日期和结束日期：

```
> startDate <- as.Date("20090101","%Y%m%d")
> endDate <- as.Date("20101231","%Y%m%d")
```

调用 getRFM() 函数产生 Recency、Frequency、Monetary 数据：

```
> RFM <- getRFM(a,startDate,endDate)
> RFM_Model=RFM[, 4:6]
> summary(RFM_Model)
   Recency        Frequency        Monetary
```

```
Min.  :  0.0   Min.  :  1.000   Min.  :    0.0
1st Qu.: 77.0   1st Qu.:  1.000   1st Qu.:  369.3
Median :236.0   Median :  1.000   Median :  587.0
Mean  :280.1   Mean  :  2.963   Mean  :  744.8
3rd Qu.:474.0   3rd Qu.:  3.000   3rd Qu.:  919.0
Max.  :729.0   Max.  :125.000   Max.  : 9521.5
```

调用 ggplot()函数显示 Recency、Frequency、Monetary 数据：

```
> p01 <- RFM_Model %>%
+   ggplot2::ggplot(ggplot2::aes(y=Recency)) +
+   ggplot2::geom_boxplot(ggplot2::aes(x="All"), notch=TRUE, fill="grey") +
+   ggplot2::stat_summary(ggplot2::aes(x="All"), fun=mean, geom="point",
shape=8) +
+   ggplot2::ggtitle("Distribution of Recency ") +
+   ggplot2::theme(legend.position="none")
>
> # Use ggplot2 to generate box plot for F
> p02 <- RFM_Model %>%
+   ggplot2::ggplot(ggplot2::aes(y=Frequency)) +
+   ggplot2::geom_boxplot(ggplot2::aes(x="All"), notch=TRUE, fill="grey") +
+   ggplot2::stat_summary(ggplot2::aes(x="All"), fun=mean, geom="point",
shape=8) +
+   ggplot2::ggtitle("Distribution of Frequency") +
+   ggplot2::theme(legend.position="none")
>
> # Use ggplot2 to generate box plot for M
> p03 <- RFM_Model %>%
+   ggplot2::ggplot(ggplot2::aes(y=Monetary)) +
+   ggplot2::geom_boxplot(ggplot2::aes(x="All"), notch=TRUE, fill="grey") +
+   ggplot2::stat_summary(ggplot2::aes(x="All"), fun=mean, geom="point",
shape=8) +
+   ggplot2::ggtitle("Distribution of Monetary") +
+   ggplot2::theme(legend.position="none")
> gridExtra::grid.arrange(p01, p02, p03)
```

运行结果如图 14-23 所示。

先评估调用 kmeans()函数（K 均值聚类算法）将顾客群分为 k=1:6 个群时的结果。从图 14-25 中可以明显看出，k 在 4 之后减小的幅度变缓，这表明在 k=4 之后，如果增加聚类类别，效果提升并不明显，因此可以确定聚类为 4 类。

```
> wss<- 0
```

```
> for(i in 1:6) {
+   model_km= kmeans(RFM_Model, i, nstart=20)
+   wss[i]=model_km$tot.withinss
+ }
> plot(RFM_Model, col = model_km$cluster,
+     main = "Model Sum of Squares")
>
> plot(1:6, wss, type = "b",
+     xlab = "Number of Clusters",
+     ylab = "Within groups sum of squares")
```

运行结果如图 14-24 所示。

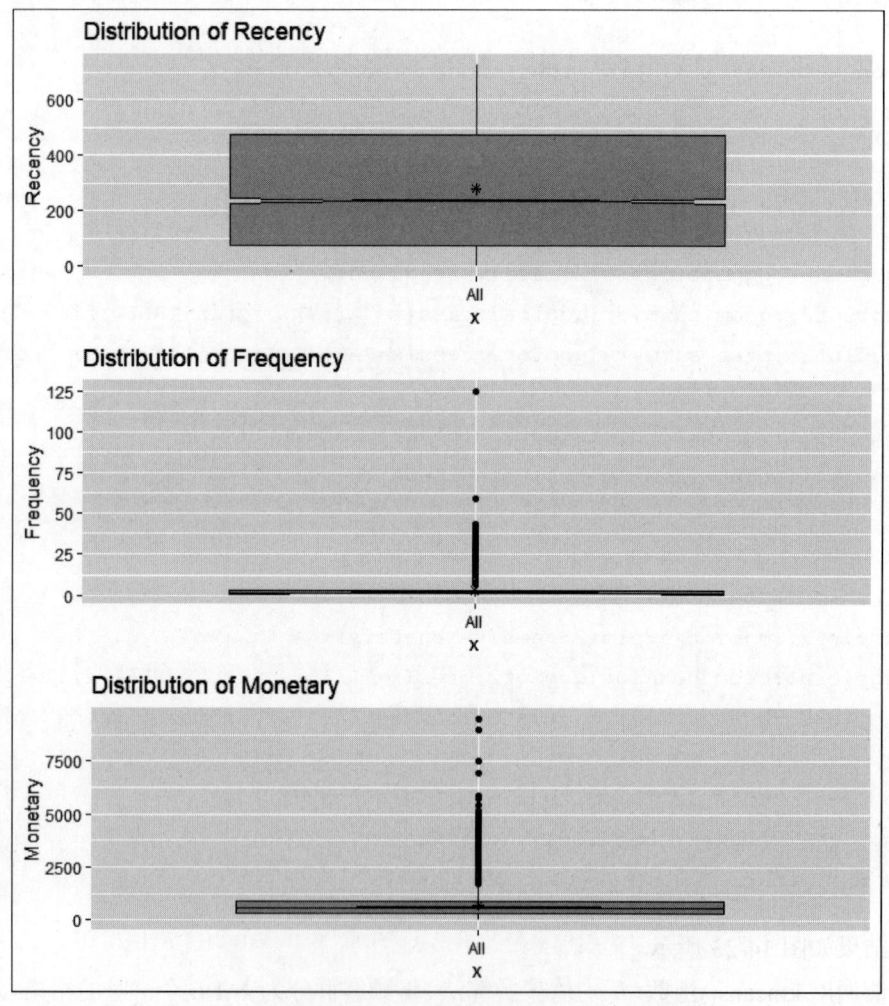

图 14-23   Recency、Frequency、Monetary 数据图

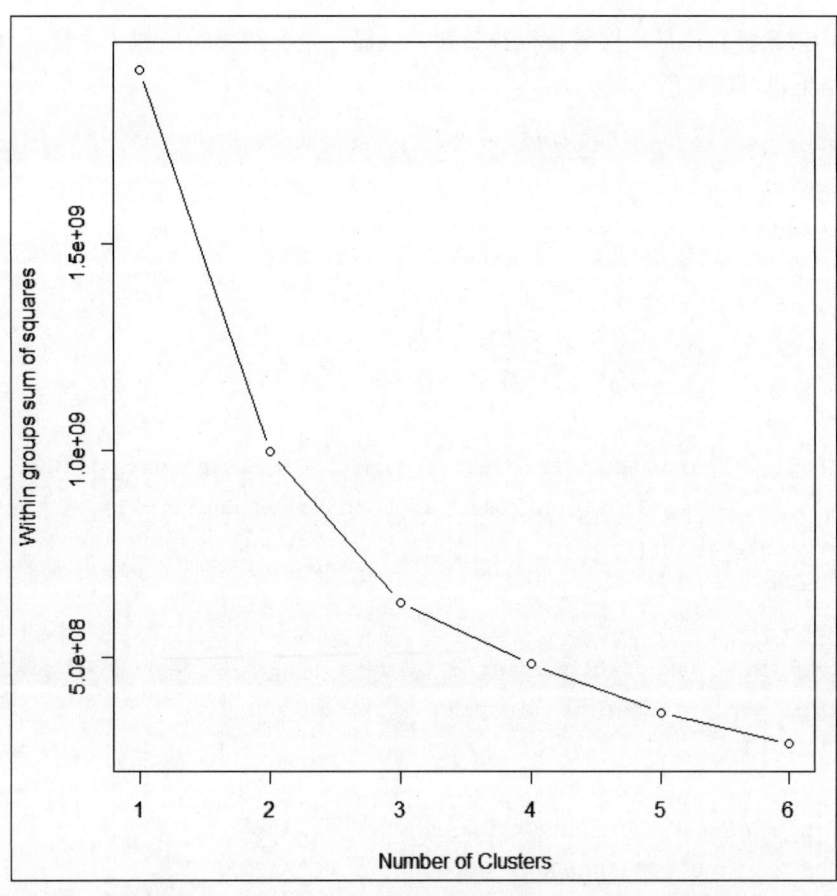

图 14-24　使用 *K* 均值聚类算法将顾客群分为 1:6 时的结果图

调用 NbClust()函数评估，同样建议使用 *k*=4（读者可自行再评估）。

```
> NbClust(data=RFM_Model,distance="manhattan",min.nc=2,max.nc=6,
+        method='kmeans',index="scott")

$All.index
      2        3        4        5        6
10579.49 13310.34 17562.15 18899.31 20204.50

$Best.nc
Number_clusters    Value_Index
        4.000         4251.812
```

调用 kmeans()函数分为 4 个顾客群并记录在 RFMkc 和 RFMkcID 数据框中。

```
> kc <- kmeans(RFM_Model, 4)
> RFMkc=data.frame(RFM_Model,kc$cluster)
> RFMkcID=RFMkc
> RFMkcID$ID = RFM$ID
```

使用 *K* 均值聚类算法后，接着执行决策树，以显示聚类结果的规则（注意：由于随机数的设置不同，结果也可能有所不同）。

```
> RFMkc$kc.cluster = factor(RFMkc$kc.cluster)
> str(RFMkc)
'data.frame':   4377 obs. of  4 variables:
 $ Recency  : num  432 471 629 402 123 44 130 341 69 43 ...
 $ Frequency: int  2 2 2 1 4 17 3 3 9 2 ...
 $ Monetary : num  844 368 396 370 357 ...
 $ kc.cluster: Factor w/ 4 levels "1","2","3","4": 2 4 4 4 4 2 3 2 2 4 ...

> data_rpart<-rpart(RFMkc$kc.cluster~.,method='class',data=RFMkc,
+                 cp=0.01,control=rpart.control(minsplit=2))
> summary(data_rpart)

Call:
rpart(formula = RFMkc$kc.cluster ~ ., data = RFMkc, method = "class",
   control = rpart.control(minsplit = 2), cp = 0.01)
 n= 4377

        CP nsplit rel error   xerror        xstd
1 0.7463807      0 1.00000000 1.00000000 0.017542122
2 0.2128686      1 0.25361930 0.25522788 0.011043948
3 0.0305630      2 0.04075067 0.04235925 0.004722583
4 0.0100000      3 0.01018767 0.01233244 0.002564726

> print(data_rpart)
n= 4377

> par(mar=rep(0.1,4))
> plot(data_rpart)
> text(data_rpart,cex=1.5)
> str(RFMkc)
'data.frame':   4377 obs. of  4 variables:
 $ Recency  : num  432 471 629 402 123 44 130 341 69 43 ...
 $ Frequency: int  2 2 2 1 4 17 3 3 9 2 ...
 $ Monetary : num  844 368 396 370 357 ...
 $ kc.cluster: Factor w/ 4 levels "1","2","3","4": 2 4 4 4 4 2 3 2 2 4 ...
```

通过上述方法，利用决策树找出 4 个客户类别的规则，总计 6 条规则，如图 14-25 所示。

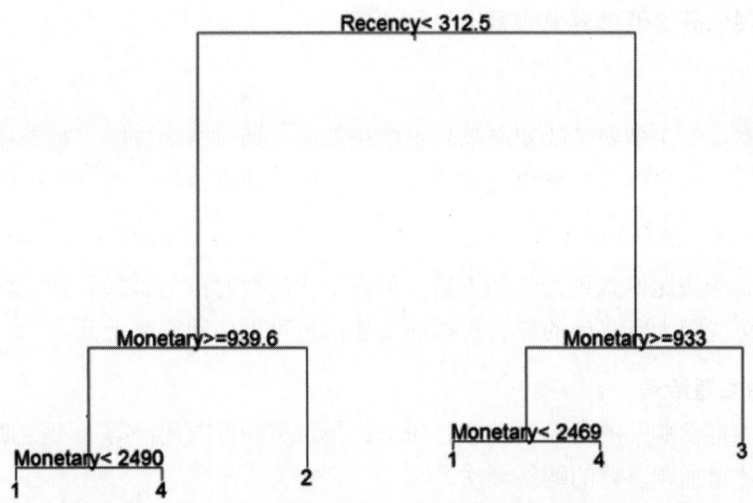

图 14-25　决策树分为 4 个顾客群的示意图

根据决策树的规则，可将客户归纳为 4 个类，分别为高价值顾客群、忠实顾客群、潜力顾客群和流失顾客群。每个顾客群的规则如表 14-1 所示。

表 14-1　顾客分群表

顾 客 群	规　　则
高价值 顾客群	购买时间小于 312.5 日，平均交易金额大于或等于 936.6 元，且平均交易金额大于或等于 2490 元
	购买时间大于或等于 312.5 日，平均交易金额大于或等于 933 元，且平均交易金额大于或等于 2469 元
忠实顾客群	购买时间小于 312.5 日，平均交易金额大于或等于 936.6 元，且平均交易金额小于 2490 元
	购买时间大于或等于 312.5 日，平均交易金额大于或等于 933 元，且平均交易金额小于 2469 元
潜力顾客群	购买时间小于 312.5 日，平均交易金额大于或等于 936.6 元
流失顾客群	购买时间大于或等于 312.5 日，平均交易金额大于或等于 933 元

我们可根据分析出的顾客类别及规则提供营销建议。

1. 高价值顾客群

高价值顾客的主要营销策略应集中在缩短与前一次购买时的时间间隔，提高购买频率，使其成为具有高价值的忠实客户。具体策略包括：

1）回购礼

通过发放礼券或积分来减少高价值顾客的购买间隔，提升高价值顾客群的回购率，鼓励他们更频繁地到超市消费。

2）系列活动

针对家庭必需品的购买需求，推出多项产品的组合优惠活动，拉长活动的时间或定期更换优惠商品组合，促使高价值顾客更频繁地光顾超市。

2. 忠实顾客群

忠实顾客群是经常来消费且购买商品较多的消费者，通过营销策略，鼓励他们更"常"来买、买得更"多"。通过提升品牌忠诚度使消费者更频繁地来消费，可以采用以下两种方法：

1）红利积点

每次的消费金额按比例累积为红利点数，可在下次消费时作为折扣凭据。这不但能提高当次消费金额，还可能因为有之前的红利折扣而增加，也可以使回客率上升。

2）畅销商品主题活动

针对忠实顾客群常购买的商品，如米、饼干、果蔬类和洗衣用品等，不定期举办畅销商品的主题特卖活动，增加顾客群的购买频次。

3. 潜力顾客群

针对潜力顾客群对企业活跃度高但总消费金额不高的特性，提出的营销建议主要通过促销高单价商品并刺激购买数量，进而提升总消费金额。具体建议如下：

（1）消费者最容易伸手拿取与其视线平行的商品，因此建议将高价商品（即潜力顾客群的畅销商品，白兰地与葡萄酒）放置在与视线平行的货架上，以提高潜力客户群的购买数量与总消费金额。

（2）将薄利多销的商品放置在超市入口处，有助于有效提高购买数量。因此，建议将潜力顾客群购买的商品（如家庭用品和甜味饼干等）放在超市入口位置。

4. 流失顾客群

流失顾客群是指不常光顾、消费较少的消费者，因此需要通过营销策略提高顾客的光顾频率和消费金额。针对超市与品牌的忠诚度，可以通过以下三种方法来应对：

1）会员红利与满额赠活动

推出积分奖励或满额赠品（如消费满 500 元可兑换赠品或累计红利点数），以吸引消费者，进而提高顾客单次消费金额和总消费金额。

2）以畅销商品作为主打

流失顾客群的畅销商品通常为米、鲜奶和家庭用品类商品，虽然这些商品的单次购买金额较少，但与顾客群整体购买的商品类别相似。因此，应锁定流失顾客群偏好的商品进行促销和提醒。

3）观察竞争对手

除了商品因素外，流失客群的增加可能与附近邻近竞争者的兴起有关，如小型超市或其他连锁超市。超市店家应关注周边竞争者的情况，审视自身超市的类型、店内环境以及其他可改进的方向，从而加强竞争力并弥补不足。

第 15 章

深 度 学 习

15

深度学习是一种基于人工神经网络架构的机器学习技术，其核心是使用多层人工神经网络来学习数据的表示和特征。与传统的人工神经网络通常包含一个或两个隐藏层不同，深度学习网络可能包含数十个甚至数百个层次。与传统机器学习相比，深度学习在处理复杂数据和任务时的表现更为出色，因为它能够自动学习数据的层次性特征。以下是深度学习中常用的几种算法类型：

（1）多层感知器（Multilayer Perceptron，MLP）：MLP 是最基本的深度学习模型，由多个全连接的神经网络层组成。每个神经元与前一层的所有神经元相连，通过非线性激活函数引入非线性特性。

（2）卷积神经网络（Convolutional Neural Network，CNN）：CNN 是专门用于处理图像数据的深度学习模型，通过卷积层和池化层来有效地捕捉图像中的空间结构信息。CNN 在计算机视觉领域取得了巨大成功。

（3）长短期记忆网络（Long Short-Term Memory，LSTM）：LSTM 是一种特殊的循环神经网络，专门用于处理序列数据，如文本和语音等。它通过门控单元来有效地捕捉长期依赖关系，适用于需要记忆长期信息的任务。

（4）生成对抗网络（Generative Adversarial Network，GAN）：GAN 由生成器和判别器两部分组成，通过对抗训练的方式来生成逼真的数据样本。GAN 在生成图像、文本等方面取得了显著的成果，并广泛应用于生成模型领域。

Keras（官网网址为 https://keras.rstudio.com）是一个流行的深度学习框架。在 R 语言中，Keras 为深度学习提供了一个强大而灵活的工具，使得开发者可以轻松地构建和训练各种深度学习模型，从而加速模型开发和实验过程。在 R 语言中，Keras 主要基于 TensorFlow 后端，因此可以充分利用 TensorFlow 的性能和功能。在 R 语言中安装 Keras 库：

```
> install.packages("keras")
> library(keras)
> install_keras() # 安装核心Keras库和TensorFlow
```

上面的命令是基于 CPU 的算力安装 Keras 和 TensorFlow。如果希望在 GPU 上训练深度学习模型，则需要具有 NVIDIA GPU 的系统和正确配置的 CUDA 和 cuDNN 库，然后才可以安装基于 GPU 的 TensorFlow 后端引擎版本；如果不满足这些条件，则无法进行安装。

```
> install_keras(tensorflow = "gpu")
```

Keras 的设计理念是模块化的，开发者可以轻松地组合不同类型的层和模型，由此构建复杂的网络结构。这种模块化设计使得代码易于维护和理解。Keras 目前有 Keras 和 Keras3 版本，支持多种深度学习架构，包括序贯模型（Sequential model）、函数式 API（Functional API）和自定义模型。这种灵活性使得用户可以根据任务需求选择最适合的模型构建方式。Keras 提供了丰富的损失函数、优化器、初始化器等工具，开发者可以根据需求选择合适的组件来训练模型。此外，Keras 还支持常见的深度学习任务，如回归、分类等。Keras 在 R 语言中为深度学习提供了一个强大而灵活的工具，使得开发者可以轻松地构建和训练各种深度学习模型，从而加速模型开发和实验过程。

在 Keras 中，使用序贯模型进行建模是非常常见的操作流程。首先，使用 keras_model_sequential()函数构建模型，确定输入格式、层数和每一层的处理方式。接着，使用 compile()函数定义损失（Loss）函数、优化函数（Optimizer）和评估指标（Mertrics）。常见的损失函数包括均方误差（Mean Suare Error，MSE）、平均绝对误差（Mean Absolute Error，MAE）、KL 散度（KL Divergence）和分类交叉熵（Categorical Cross Entropy，CCE）等。优化函数可以选择随机梯度下降法（Stochastic Gradient Descent，SGD）和 Adam 等。调用 fit()函数训练模型进行拟合，并指定训练数据、批量大小、训练周期等。模型评估是开发过程中的重要步骤，用于检查模型是否最适合给定的任务和数据。Keras 提供了 evaluate()函数用于对模型进行评估。当模型训练完成且评估通过后，可以将模型部署到实际环境中供系统使用。

15.1　多层感知器

多层感知器（Multilayer Perceptron，MLP）是一种常见的前向传播神经网络，通常由一个输入层、一个或多个隐藏层和一个输出层组成。每一层都包含多个神经元组成，相邻层之间的神经元通过权重相连，并通过激活函数进行非线性变换。常用的激活函数包括：Softmax、Sigmoid、ReLU（Rectified Linear Units）和 Tanh。

- Softmax 函数：其输出值介于[0,1]，且所有输出的概率之和等于 1，适用于多分类使用，

公式如下:

$$f_i(x) = \frac{e^{x_i}}{\sum_{j=1}^{J} e^{x_j}}$$ (15-1)

- Sigmoid 函数: 其值介于[0,1],输出值的分布两极化,大部分值接近 0 或 1,适用于二分类问题,公式如下:

$$f(x) = \frac{1}{1+e^{-x}}$$ (15-2)

- ReLU 函数: 忽略负值,输出值介于[0,∞],公式如下:

$$f(x) = \max(0, x)$$ (15-3)

- Tanh 函数: 与 Sigmoid 函数类似,但其输出值介于[-1,1],公式如下:

$$f(x) = \frac{2}{1+e^{-2x}} - 1$$ (15-4)

[范例程序 15-1]　MLP 应用于回归分析

首先,安装和使用 Keras3 包产生随机数据:

```
> install.packages("keras3")
> library("keras3")
```

使用均匀分布(Uniform Distribution)产生 100 个介于 0~100 的训练数据,并计算其平方根值作为目标值(输出值):

```
# 产生100个介于0~100的训练数据
> x_train <- runif(100, min=0, max=100)
> y_train <- sqrt(x_train)
```

然后,调用 keras_model_sequential()函数构建序贯回归模型。调用 layer_dense()函数构建全连接的神经网络层。layer_dense()函数的基本语法及其关键参数如下:

```
layer_dense(units, activation, batch_size, input_shape)
```

参数说明如下:

- units: 正整数,表示输出空间的维数。
- activation: 激励函数的名称。如果未指定任何内容,则应用"线性"激活函数。
- batch_size: 每层的批量大小。
- input_shape: 表示输入数据的维度(整数)。如果该层是模型中的第一层,则此参数是必需的。

```
> model = keras_model_sequential() |>
+   layer_dense(units=10, activation="relu", batch_size=10,
+   input_shape=1,) |>
+   layer_dense(units=25, activation = "relu") |>
+   layer_dense(units=1, activation="linear")
```

接下来，调用 compile()函数设置损失函数、优化函数和评估指标。compile()函数的基本语法及其关键参数如下：

```
compile(loss, optimizer, metrics)
```

参数说明如下：

- loss: 损失函数。
- optimizer: 优化函数的名称。
- metrics: 模型训练和测试期间要评估的指标列表。

```
> model |> compile(
+   loss = "mse",
+   optimizer = "adam",
+   metrics = list("mean_squared_error")
+ )

# 调用summary()函数打印 Keras 模型的摘要
> model |> summary()

Model: "sequential_11"
```

Layer (type)	Output Shape	Param #
dense_35 (Dense)	(10, 10)	20
dense_34 (Dense)	(10, 25)	275
dense_33 (Dense)	(10, 1)	26

```
Total params: 321
Trainable params: 321
Non-trainable params: 0
```

（1）输入层 dense_35(Dense)的权重数量计算方式为：1（输入数据的维度）×10（神经元数量）+10（神经元阈值数量）=20。

（2）隐藏层 dense_34(Dense)的权重数量计算方式为：10（输入层神经元数量）×25（隐藏层神经元数量）+ 25（隐藏层神经元阈值数量）=275。

（3）输出层 dense_33(Dense)的权重数量计算方式为：25（隐藏层神经元数量）×1（输出层神经元数量）+1（输出层神经元阈值数量）=26。

权重的总数量为 20+275+26=321。

然后，调用 fit()函数使用固定数量的周期（Epoch）训练模型。fit()函数的基本语法及其关键参数如下：

```
fit(x, y, epochs, verbose, batch_size)
```

参数说明如下：

- x: 训练数据。
- y: 训练数据的输出（标签）。
- epochs: 训练模型的周期数。
- verbose: 显示模式（0 为不显示，1 为进度条，2 为每个周期一行）。
- batch_size: 每次梯度更新的样本数。如果未指定，b 默认为 32。

```
> model |> fit(x_train, y_train, epochs = 300,verbose = 0)
```

接下来，调用 evaluate()函数评估训练后的模型。evaluate()函数的基本语法及其关键参数如下：

```
evaluate(x, y, verbose)
```

参数说明如下：

- x: 训练数据。
- y: 训练数据的输出（标签）。
- verbose: 显示模式（0 为不显示，1 为进度条，2 为每个周期一行）。

```
> scores = model |> evaluate(x_train, y_train, verbose = 0)

# 调用print()函数打印评估的 MSE 结果

> print(scores)
         loss  mean_squared_error
    0.005841061        0.005841061

# 产生测试数据
x_test <- 81:100
y_test <- sqrt(x_test)

# 预测输出值
> y_predict = model |> predict(x_test)
1/1 [==============================] - 0s 59ms/step
```

```
# 打印预测结果
> print(y_predict)
          [,1]
 [1,]  9.149279
 [2,]  9.222577
 [3,]  9.295875
 [4,]  9.369167
 [5,]  9.442462
 [6,]  9.515759
 [7,]  9.589056
 [8,]  9.662351
 [9,]  9.735643
[10,]  9.808939
[11,]  9.882236
[12,]  9.955532
[13,] 10.028827
[14,] 10.102120
[15,] 10.175415
[16,] 10.248710
[17,] 10.322004
[18,] 10.395306
[19,] 10.468596
[20,] 10.541892

# 调用plot()函数绘制回归结果
> plot(x_test, y_test, type="l", col="red")
> lines(x_test, y_predict, col="blue")
> legend("topleft", legend=c("y-test", "y-predicted"),
+       col=c("red", "blue"), lty=1,cex=0.8)
```

MLP 回归结果如图 15-1 所示。

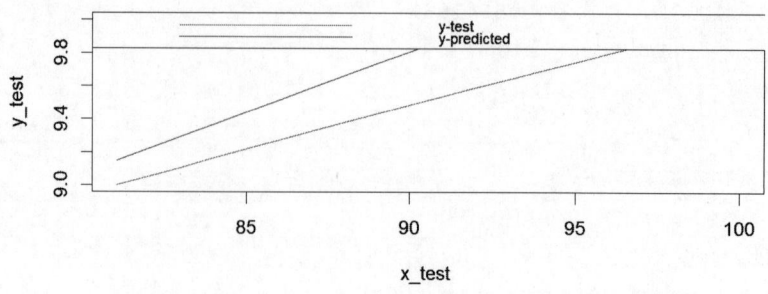

图 15-1　MLP 回归结果

MNIST（Modified National Institute of Standards and Technology database）是由 NIST（美国国家标准与技术研究院）建立的数据集。MNIST 数据集包含两部分：训练集和测试集。训练集中包含 60000 幅手写数字图像，测试集中包含 10000 幅手写数字图像。在 MNIST 数据集中，所有图像的尺寸为 28×28 像素，且图像为灰度（Grayscale），每幅图像都有对应的标签（数字 0~9），用于指示该图像所代表的数字）。

[范例程序 15-2]　MLP 应用于 MNIST 分类

首先，载入 Keras3 包和内置的 MNIST 数据集。

```
> library(keras3)
> data<-dataset_mnist()

# 划分为训练集和测试集

> train_x<-data$train$x
> train_y<-data$train$y
> test_x<-data$test$x
> test_y<-data$test$y

# 将图像数据转换为一维数组并进行归一化处理

> mlp_train_x <- array(train_x, dim = c(dim(train_x)[1],
prod(dim(train_x)[-1])))
> mlp_train_x <- mlp_train_x / 255
> mlp_test_x <- array(test_x, dim = c(dim(test_x)[1], prod(dim(test_x)[-1])))
> mlp_test_x <- mlp_test_x /255

# 使用Keras的内置函数to_categorical()将目标变量转换为独热编码向量

> mlp_train_y<-to_categorical(train_y,10)
> mlp_test_y<-to_categorical(test_y,10)

# 调用Keras中的序贯模型

> model <- keras_model_sequential()
```

设置 1 个输入层[784 个神经元]、1 个隐藏层[784 个神经元]（丢失率为 0.4）和 1 个输出层 [10 个神经元，即从 0 到 9 的数字]。

layer_dropout()函数是一种正则化方法，用于防止过拟合。在训练过程中，每一周期都会以一定的概率丢弃隐藏层中的神经元，而被丢弃的神经元不会参与信息的传递。layer_dropout() 函数的基本语法及其关键参数如下：

```
layer_dropout(rate)
```

参数说明如下：

- rate: 丢失率，表示每次丢弃隐藏层神经元的概率，其值介于 0 和 1。

```
> model |>
+   layer_dense(units=784, activation='relu', input_shape = 784) |>
+   layer_dropout(rate=0.4)|>
+   layer_dense(units = 10, activation = 'softmax')
```

调用 compile()函数，设置损失函数为分类交叉熵，优化函数为 adam，评估指标为准确率（accuracy）。

```
> model |> compile(
+   loss = 'categorical_crossentropy',
+   optimizer = 'adam',
+   metrics = c('accuracy')
+ )
```

调用 fit()函数，在训练数据集上拟合模型，设置训练周期（epochs）为 100，批次大小（batch_size）为 128。

```
> model |> fit(mlp_train_x, mlp_train_y, epochs=100, batch_size=128)

Epoch 1/100
469/469 [======================] - 7s 13ms/step - loss: 0.2842 - accuracy: 0.9178
Epoch 2/100
469/469 [======================] - 6s 12ms/step - loss: 0.1270 - accuracy: 0.9622
Epoch 3/100
469/469 [======================] - 6s 13ms/step - loss: 0.0915 - accuracy: 0.9723
Epoch 4/100
469/469 [======================] - 7s 14ms/step - loss: 0.0740 - accuracy: 0.9769
Epoch 5/100
469/469 [======================] - 7s 14ms/step - loss: 0.0584 - accuracy: 0.9822
Epoch 6/100
469/469 [======================] - 7s 14ms/step - loss: 0.0489 - accuracy: 0.9843
Epoch 7/100
469/469 [======================] - 6s 14ms/step - loss: 0.0428 - accuracy: 0.9868
Epoch 8/100
469/469 [======================] - 6s 14ms/step - loss: 0.0360 - accuracy: 0.9883
Epoch 9/100
469/469 [======================] - 7s 15ms/step - loss: 0.0326 - accuracy: 0.9898
Epoch 10/100
```

```
469/469 [=====================] - 7s 14ms/step - loss: 0.0324 - accuracy: 0.9895
...
Epoch 91/100
469/469 [=====================] - 6s 14ms/step - loss: 0.0059 - accuracy: 0.9981
Epoch 92/100
469/469 [=====================] - 6s 13ms/step - loss: 0.0066 - accuracy: 0.9979
Epoch 93/100
469/469 [=====================] - 6s 13ms/step - loss: 0.0052 - accuracy: 0.9985
Epoch 94/100
469/469 [=====================] - 7s 14ms/step - loss: 0.0073 - accuracy: 0.9976
Epoch 95/100
469/469 [=====================] - 6s 13ms/step - loss: 0.0063 - accuracy: 0.9980
Epoch 96/100
469/469 [=====================] - 6s 13ms/step - loss: 0.0053 - accuracy: 0.9984
Epoch 97/100
469/469 [=====================] - 6s 13ms/step - loss: 0.0062 - accuracy: 0.9981
Epoch 98/100
469/469 [=====================] - 6s 13ms/step - loss: 0.0061 - accuracy: 0.9979
Epoch 99/100
469/469 [=====================] - 6s 13ms/step - loss: 0.0067 - accuracy: 0.9980
Epoch 100/100
469/469 [=====================] - 6s 13ms/step - loss: 0.0055 - accuracy: 0.9983
```

MLP 拟合结果如图 15-2 所示。

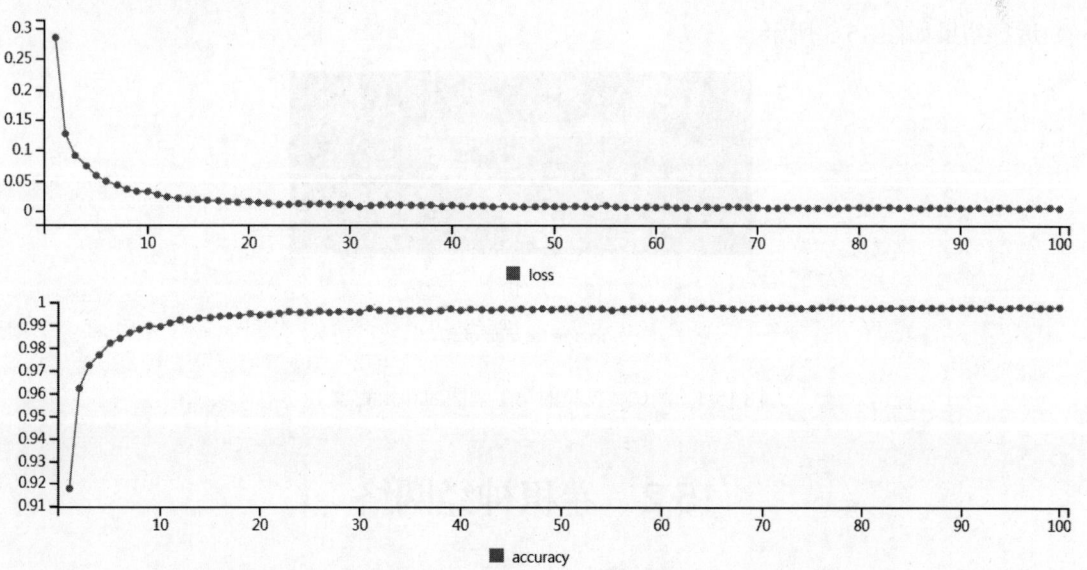

图 15-2　MLP 拟合结果

调用 evaluate()函数，在交叉验证数据集上评估模型的性能。

```
> loss_and_metrics <- model |> evaluate(mlp_test_x, mlp_test_y, batch_size=128)
79/79 [======================] - 0s 3ms/step - loss: 0.1149 - accuracy: 0.9851
```

调用 predict() 函数，在测试数据集上预测输出结果。调用 keras::k_argmax() 函数返回最大值的索引。

```
> mlp_pred <- model |> predict(mlp_test_x) |> keras::k_argmax()
313/313 [==============================] - 1s 2ms/step
```

显示前 50 个测试数据集的预测数字。

```
> head(mlp_pred, n=50)
tf.Tensor(
[7 2 1 0 4 1 4 9 5 9 0 6 9 0 1 5 9 7 3 4 9 6 6 5 4 0 7 4 0 1 3 1 3 4 7 2 7 1
 2 1 1 7 4 2 3 5 1 2 4 4], shape=(50), dtype=int64)
```

显示测试数据集的第 1 幅图像和预测数字。

```
> index_image = 1
> input_matrix <- test_x[index_image,1:28,1:28]
> output_matrix <- apply(input_matrix, 2, rev)
> output_matrix <- t(output_matrix)
> image(1:28, 1:28, output_matrix, col=gray.colors(256),
+       xlab=paste('Image for digit of: ',
+       mlp_pred[index_image]), ylab="")
```

运行结果如图 15-3 所示。

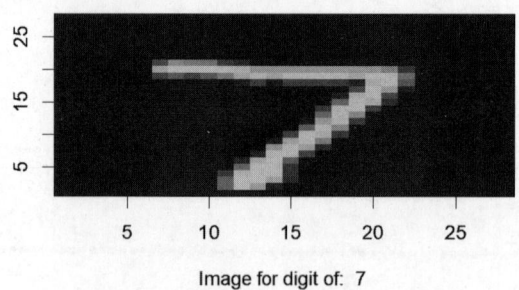

Image for digit of: 7

图 15-3　测试数据集的第 1 幅图像和预测数字

15.2　卷积神经网络

卷积（Convolution）是一种通过两个函数 f 和 g 生成第三个函数的数学算子。f 和 g 的连续卷积可表示为 $f * g$：

$$(f * g)(t) = \int_{-\infty}^{\infty} f(\tau)g(t - \tau)\mathrm{d}\tau \tag{15-5}$$

离散卷积可表示为 $f(n) * g(n)$：

$$f(n) * g(n) = \sum_{m=-\infty}^{\infty} f(m)g(n - m) \tag{15-6}$$

卷积是卷积神经网络（CNN）的核心，卷积神经网络在图像、语音或音频信号的输入方面表现出了卓越的性能。卷积神经网络通常包含三个主要层：卷积层、池化层和全连接层。卷积层负责对输入的图像进行特征提取。在卷积层中，需要设置影响输出的超参数，如卷积核（Kernel）和步长（Stride）。其中，卷积核的数量会影响输出的深度；步长表示卷积核在输入图像上移动的距离或像素数。

在卷积神经网络中，卷积层的具体计算过程如图 15-4 所示，其中左图表示输入数据是一个维度为 3×3 的二维数组；中间的图表示卷积核是一个维度为 2×2 的二维数组，步长=1。当步长=1 时，卷积核在输入图像上移动 1 个像素，这是最基本的单步移动，也是标准的卷积模式。

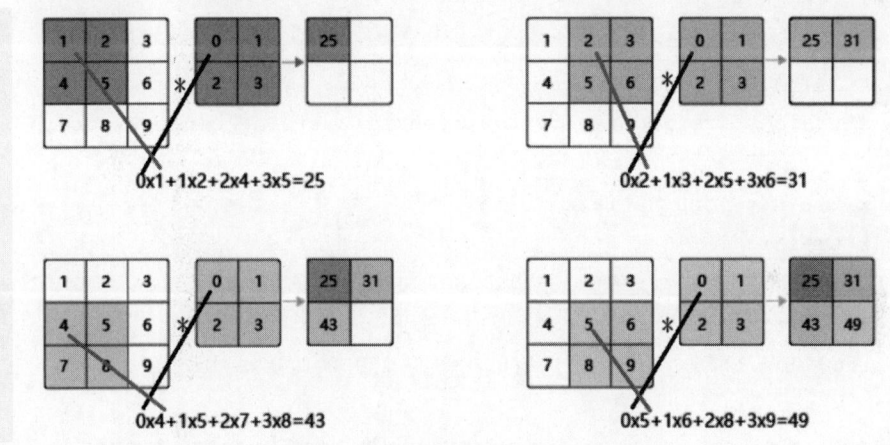

图 15-4　卷积层的具体计算过程

池化层也称为下采样层，它执行降维操作，旨在减少参数的数量。常见的池化方式有两种：最大池化和平均池化。最大池化是计算区域子块中选择值最大的像素点作为最大池化结果。平均池化则计算该区域子块内所有像素点的均值，并将均值作为平均池化结果。最大池化的具体计算过程如图 15-5 所示。

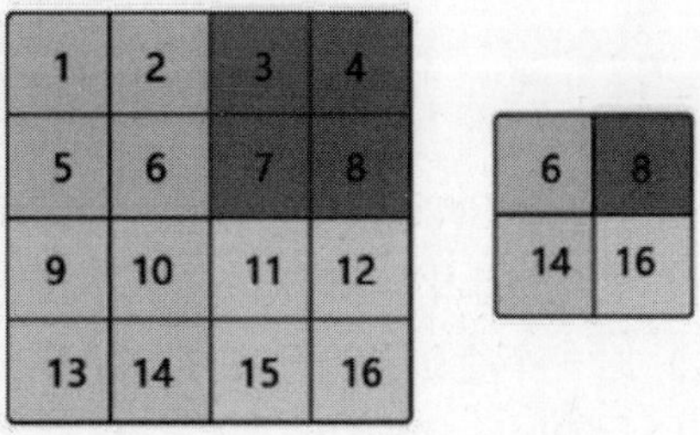

图 15-5　最大池化的具体计算过程

　　在全连接层中，输出层中的每个神经元都直接连接到上一层中的一个神经元。在卷积神经网络中，全连接层通常使用 Softmax 函数来进行分类。Softmax 函数适用于多分类任务，它保证每个分类的概率总和为 1。

[范例程序 15-3]　CNN 应用于 MNIST 分类

```
# 载入keras3包
> library(keras3)


# 调用内置的 MNIST 数据集
> mnist <- dataset_mnist()


# 划分训练集和测试集
> x_train <- mnist$train$x
> y_train <- mnist$train$y
> x_test <- mnist$test$x
> y_test <- mnist$test$y


# 图像加入通道维度并归一化
> cnn_x_train <- reticulate::array_reshape(x_train, c(nrow(x_train), 28, 28, 1))
> cnn_x_train <- cnn_x_train / 255
> str(x_train)
 int [1:60000, 1:28, 1:28] 0 0 0 0 0 0 0 0 0 0 ...
> str(cnn_x_train)
 num [1:60000, 1:28, 1:28, 1] 0 0 0 0 0 0 0 0 0 0 ...


> cnn_x_test <- reticulate::array_reshape(x_test, c(nrow(x_test), 28, 28, 1))
> cnn_x_test <- cnn_x_test / 255
> str(x_test)
 int [1:10000, 1:28, 1:28] 0 0 0 0 0 0 0 0 0 0 ...
> str(cnn_x_test)
 num [1:10000, 1:28, 1:28, 1] 0 0 0 0 0 0 0 0 0 0 ...


# 设定输入维度变量
> input_shape <- c(28, 28, 1)
```

　　使用 Keras 的序贯模型来构建一个 CNN 模型。该模型包括以下部分：两个二维卷积层（使用 layer_conv_2d()函数），两个二维最大池化层（使用 layer_max_pooling_2d()函数），两个 dropout 层（使用 layer_dropout()函数），一个全连接层（使用 layer_flatten()函数进行展平后接一个 layer_dense()函数构成的隐藏层），以及一个输出层（使用 layer_dense()函数）。以下是二维卷积层 layer_conv_2d()函数的基本语法及其关键参数：

```
layer_conv_2d (filters, kernel_size, strides, activation, input_shape)
```

参数说明如下：

- filters: 整数，输出空间的维度（即卷积中输出滤波器的数量）。
- kernel_size: 一个整数或两个整数的列表，指定 Conv2D 卷积窗口的宽度和高度。
- strides: 指定 Conv2D 卷积沿宽度和高度的步长。可以是单个整数，用于为所有空间维度指定相同的值。
- activation: 激励函数。
- input_shape: 输入的维度（整数），不包括样本轴。将此层用作模型中的第一层时，则此参数是必需的。

```
layer_max_pooling_2d(pool_size)
```

参数说明如下：

- pool_size: 整数，最大池化窗口的大小。

```
layer_flatten(input_shape)
```

参数说明如下：

- input_shape: 输入的维度（整数），不包括样本轴。如果此层为模型中的第一层，则此参数是必需的。

```
> cnn_model <- keras_model_sequential() |>
+   layer_conv_2d(filters = 32, kernel_size = c(3,3), activation = 'relu',
input_shape = input_shape) |>
+   layer_max_pooling_2d(pool_size = c(2, 2)) |>
+   layer_conv_2d(filters = 64, kernel_size = c(3,3), activation = 'relu') |>
+   layer_max_pooling_2d(pool_size = c(2, 2)) |>
+   layer_dropout(rate = 0.25) |>
+   layer_flatten() |>
+   layer_dense(units = 128, activation = 'relu') |>
+   layer_dropout(rate = 0.5) |>
+   layer_dense(units = 10, activation = 'softmax')
>
> summary(cnn_model)
Model: "sequential_1"
```

Layer (type)	Output Shape	Param #
conv2d_3 (Conv2D)	(None, 26, 26, 32)	320

max_pooling2d_3 (MaxPooling2D)	(None, 13, 13, 32)	0
conv2d_2 (Conv2D)	(None, 11, 11, 64)	18496
max_pooling2d_2 (MaxPooling2D)	(None, 5, 5, 64)	0
dropout_3 (Dropout)	(None, 5, 5, 64)	0
flatten_1 (Flatten)	(None, 1600)	0
dense_3 (Dense)	(None, 128)	204928
dropout_2 (Dropout)	(None, 128)	0
dense_2 (Dense)	(None, 10)	1290

```
=================================================================
Total params: 225,034
Trainable params: 225,034
Non-trainable params: 0
_____
```

```r
# 设置损失函数、优化函数、评估指标
> cnn_model |> compile(
+    loss = 'categorical_crossentropy',
+    optimizer = 'adam',
+    metrics = c('accuracy')
+ )


# 训练模型并显示loss和accuracy
> cnn_history <- cnn_model |> fit(
+    cnn_x_train, cnn_y_train,
+    batch_size = 128,
+    epochs = 10,
+    validation_split = 0.2
+ )


Epoch 1/10
375/375 [==============================] - 19s 49ms/step - loss: 0.3580 -
accuracy: 0.8885 - val_loss: 0.0789 - val_accuracy: 0.9772
   Epoch 2/10
   375/375 [==============================] - 21s 56ms/step - loss: 0.1130 -
accuracy: 0.9657 - val_loss: 0.0560 - val_accuracy: 0.9847
   Epoch 3/10
   375/375 [==============================] - 21s 57ms/step - loss: 0.0840 -
accuracy: 0.9754 - val_loss: 0.0500 - val_accuracy: 0.9851
   Epoch 4/10
   375/375 [==============================] - 21s 55ms/step - loss: 0.0723 -
accuracy: 0.9783 - val_loss: 0.0427 - val_accuracy: 0.9878
```

```
Epoch 5/10
375/375 [==============================] - 21s 56ms/step - loss: 0.0616 -
accuracy: 0.9820 - val_loss: 0.0417 - val_accuracy: 0.9879
Epoch 6/10
375/375 [==============================] - 21s 55ms/step - loss: 0.0535 -
accuracy: 0.9840 - val_loss: 0.0386 - val_accuracy: 0.9890
Epoch 7/10
375/375 [==============================] - 21s 57ms/step - loss: 0.0475 -
accuracy: 0.9851 - val_loss: 0.0361 - val_accuracy: 0.9901
Epoch 8/10
375/375 [==============================] - 21s 56ms/step - loss: 0.0434 -
accuracy: 0.9864 - val_loss: 0.0333 - val_accuracy: 0.9903
Epoch 9/10
375/375 [==============================] - 21s 55ms/step - loss: 0.0411 -
accuracy: 0.9876 - val_loss: 0.0365 - val_accuracy: 0.9905
Epoch 10/10
375/375 [==============================] - 21s 56ms/step - loss: 0.0369 -
accuracy: 0.9887 - val_loss: 0.0403 - val_accuracy: 0.9892
```

运行结果如图 15-6 所示。

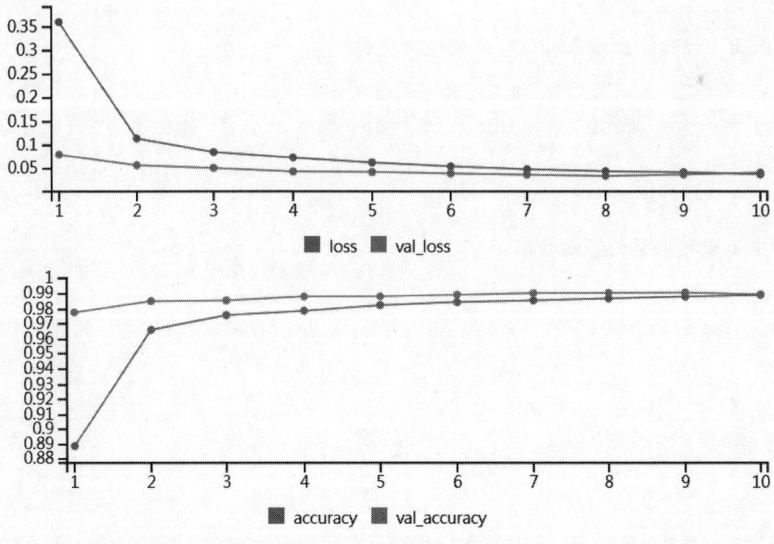

图 15-6　CNN loss 和 accuracy

```
> plot(cnn_history)
```

CNN 拟合结果如图 15-7 所示。

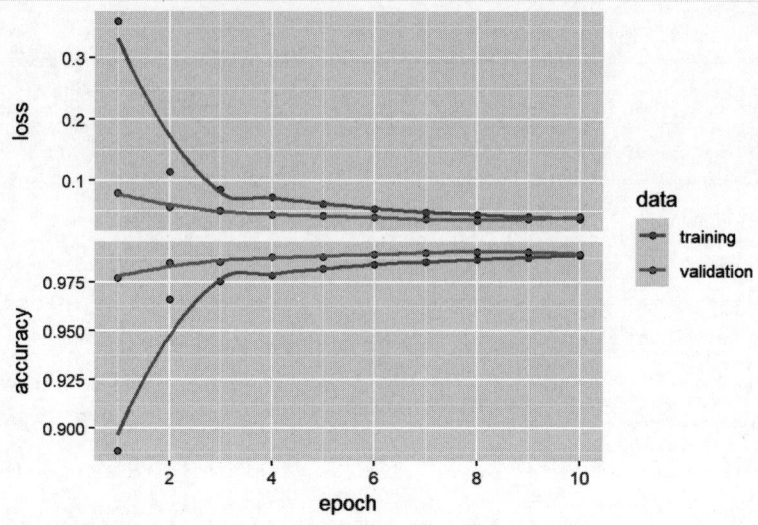

图 15-7　CNN 拟合结果

```
# 评估模型

> cnn_model |> evaluate(cnn_x_test, cnn_y_test)
313/313 [===========] - 1s 4ms/step - loss: 0.0287 - accuracy: 0.9913
      loss   accuracy
0.02873412 0.99129999
# 在测试数据集上预测输出结果并返回最大值的索引

> cnn_pred <- cnn_model |> predict(cnn_x_test) |> keras::k_argmax()
313/313 [==============================] - 1s 4ms/step


# 显示前50个测试数据集的预测数字

> head(cnn_pred, n=50)
tf.Tensor(
[7 2 1 0 4 1 4 9 6 9 0 6 9 0 1 5 9 7 3 4 9 6 6 5 4 0 7 4 0 1 3 1 3 4 7 2 7 1
2 1 1 7 4 2 3 5 1 2 4 4], shape=(50), dtype=int64)


# 转换数据形态

> cnn_pred <- as.numeric(cnn_pred)


# 统计测试错误的数据集

> missed_image = mnist$test$x[cnn_pred != mnist$test$y,,]
> missed_digit = mnist$test$y[cnn_pred != mnist$test$y]
```

```
> missed_pred = cnn_pred[cnn_pred != mnist$test$y]
> sum(cnn_pred != mnist$test$y)
[1] 87


# 显示测试错误的数据集

> index_image = 6
> input_matrix <- missed_image[index_image,1:28,1:28]
> output_matrix <- apply(input_matrix, 2, rev)
> output_matrix <- t(output_matrix)
> image(1:28, 1:28, output_matrix, col=gray.colors(256),
+      xlab=paste('Image for digit ', missed_digit[index_image],
+      ', wrongly predicted as ', missed_pred[index_image]), ylab="")
```

CNN 测试错误的数据如图 15-8 所示。

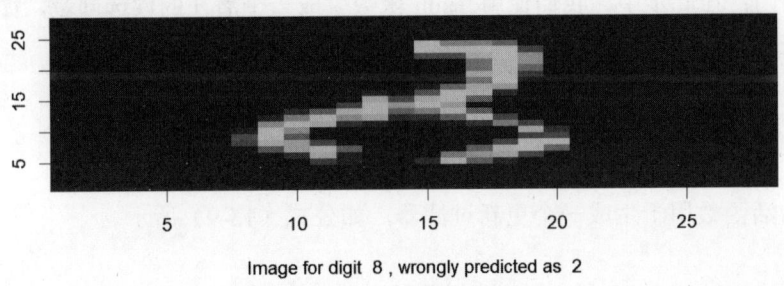

Image for digit 8 , wrongly predicted as 2

图 15-8　CNN 测试错误的数据

15.3　长短期记忆网络

　　长短期记忆（LSTM）网络是一种强大的递归神经网络，适用于处理复杂的时间序列数据。这种网络不仅包含传统的神经元，还在网络层之间嵌入了特殊的记忆单元，称为记忆模块。这些模块能够存储序列信息，并通过"门"机制来调节信息流。

　　记忆模块通过不同的门来控制其状态和输出。当输入序列被处理时，这些门会利用激励函数决定是否激活，从而更新模块的状态并存储信息（即记忆）。LSTM 网络由一系列相互连接的记忆单元组成。

　　在每个记忆单元中，信息被编码在两个状态：细胞状态 C_t 和隐藏状态 h_t。这些状态通过门控机制进行调节，该机制使用了 Sigmoid 和 Tanh 激活函数。Sigmoid 函数的输出介于 0 到 1，其中 0 表示"完全阻止信息流"，1 表示"允许信息完全通过"。

　　因此，LSTM 能够根据条件从细胞状态中添加或移除信息。通常，门会接收前一时间步的隐藏状态 h_{t-1} 和当前时间步的输入 x_t，然后将它们与权重矩阵 W 相乘，并加上偏差 b，以决定是否允许信息通过。

LSTM 的三个关键门结构分别是：遗忘门、输入门（也称为更新门）和输出门。它们的功能如下：

- 遗忘门：决定哪些信息应该从单元状态中被丢弃。它输出的值介于 0 和 1，其中 0 表示"完全遗忘"，而 1 表示"完全保留"。
- 输入门（更新门）：决定哪些新信息将从输入中提取并用于更新单元状态。
- 输出门：基于当前的输入和单元状态，决定单元的输出值。

以下是各个门的详细介绍：

（1）遗忘门：该门决定单元状态中哪些信息应被删除。其输出值介于 0 和 1，0 表示"全部删除"，1 表示"全部记住"，如公式（15-7）所示。

$$f_t = \text{sigamoid}(W[h_{t-1}, x_t] + b) \qquad (15\text{-}7)$$

（2）更新门：在此步中，我们使用 Tanh 函数生成一个潜在的候选向量，如公式（15-8）所示。

$$\hat{C}_t = \tanh(W[h_{t-1}, x_t] + b) \qquad (15\text{-}8)$$

Sigmoid 激活函数用于生成一个更新过滤器，如公式（15-9）所示。

$$U_t = \text{sigamoid}(W[h_{t-1}, x_t] + b) \qquad (15\text{-}9)$$

接下来，我们需要更新单元状态，如公式（15-10）所示。

$$C_t = f_t \times C_{t-1} + U_t \times \hat{C}_t \qquad (15\text{-}10)$$

（3）输出门：在这一步中，使用 Sigmoid 激活函数过滤输出的单元状态，如公式（15-11）所示。

$$O_t = \text{sigamoid}(W[h_{t-1}, x_t] + b) \qquad (15\text{-}11)$$

接下来，单元状态 C_t 通过 Tanh 函数将值标准化，使其值范围在[-1, 1]内。最后，得到标准化后的单元状态与经过过滤后的输出相乘，得到隐藏状态 h_t，并传递给下一个单元。如公式（15-12）所示。

$$h_t = O_t \times \tanh(C_t) \qquad (15\text{-}12)$$

[范例程序 15-4] LSTM 应用

```
# 载入keras3包
> library(keras3)


# 载入X和y变量


> data = read.csv("C:/Temp/LSTM.csv")
> y = data$y
> X = cbind(data$X1,data$X2)
```

使用 Keras 的序贯模型来构建一个 LSTM 模型。LSTM 模型由一个 LSTM 层（使用 layer_lstm() 函数）和两个隐藏层（使用 layer_dense() 函数）组成，最后是输出层（使用 layer_dense() 函数）。LSTM 层的基本语法及其关键参数如下：

```
layer_lstm (units, activation, input_shape)
```

参数说明如下：

- units: 正整数，表示输出空间的维数。
- input_shape: 表示输入的维度（整数）。
- activation: 激励函数的名称。

```
> model = keras_model_sequential() |>
+   layer_lstm(units=128, input_shape=c(2, 1), activation="relu") |>
+   layer_dense(units=64, activation = "relu") |>
+   layer_dense(units=32) |>
+   layer_dense(units=1, activation = "linear")


# 调用summary()函数打印Keras模型的摘要


> model |> summary()
Model: "sequential_1"
```

Layer (type)	Output Shape	Param #
lstm_1 (LSTM)	(None, 128)	66560
dense_5 (Dense)	(None, 64)	8256
dense_4 (Dense)	(None, 32)	2080
dense_3 (Dense)	(None, 1)	33

```
Total params: 76,929
Trainable params: 76,929
```

```
Non-trainable params: 0
```

```
# 设置损失函数、优化函数、评估指标

> model |> compile(loss = 'mse',
+                  optimizer = 'adam',
+                  metrics = list("mean_absolute_error")
+ )

# 训练模型
> model |> fit(X,y, epochs=50, batch_size=32, shuffle = FALSE)
```

运行结果如图 15-9 所示。

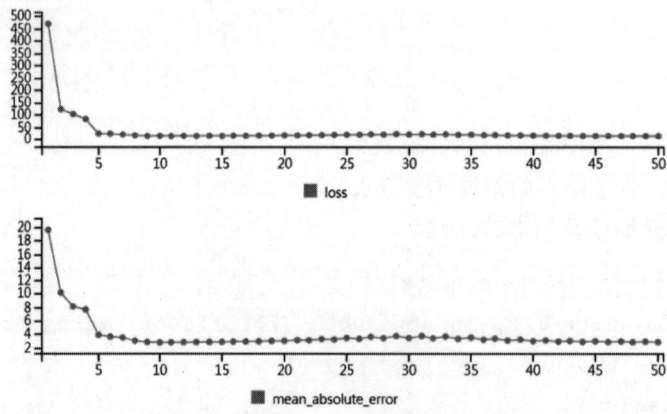

图 15-9　LSTM 损失和准确率

```
# 评估模型

> scores = model |> evaluate(X, y, verbose = 0)
> print(scores)
           loss mean_absolute_error
       9.779431            2.482664

# 预测输出值

> y_pred = model |> predict(X)

# 打印预测结果

> print (y_pred)
[,1] .
 [1,]  3.296114
 [2,]  3.533178
```

```
 [3,]   3.809831
 [4,]   5.850273
 [5,]   8.659834
 [6,]   7.359728
 [7,]   7.029026
 [8,]   7.599422
 [9,]   8.070201
[10,]   6.812160
[11,]   5.530382
[12,]   6.768260
[13,]   8.687864
[14,]  10.395759
[15,]   9.375732
[16,]  10.125696
[17,]  10.633000
[18,]   8.922016
[19,]   9.458352
[20,]  10.566044
...
[381,]  39.870037
[382,]  39.821487
[383,]  40.185371
[384,]  41.120499
[385,]  42.140133
[386,]  42.998955
[387,]  44.935974
[388,]  44.132092
[389,]  41.344894
[390,]  42.815693
[391,]  44.302147
[392,]  45.288559
[393,]  42.998032
[394,]  43.681999
[395,]  44.559875
[396,]  44.646729
[397,]  43.172054
[398,]  46.840652
[399,]  49.780994
[400,]  48.398041
```

LSTM 预测图如图 15-10 所示。

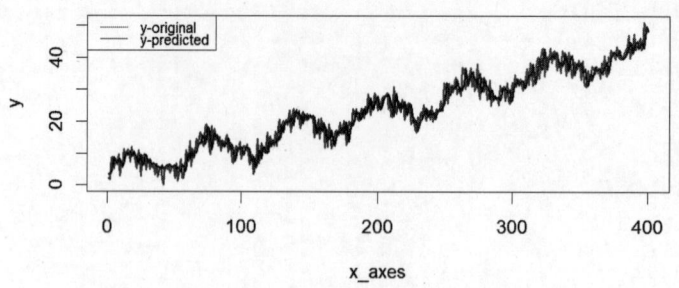

图 15-10   LSTM 预测图

15.4   生成对抗网络

生成对抗网络（GAN）是一种创新的机器学习技术，其核心目标是学习并模拟原始数据样本的潜在分布，进而生成与真实数据分布相匹配的新数据。GAN 由 Ian Goodfellow 及其同事首次提出。该网络模型由两个主要部分构成：生成器（Generator，记为 G）和鉴别器（Discriminator，记为 D），其结构如图 15-11 所示。

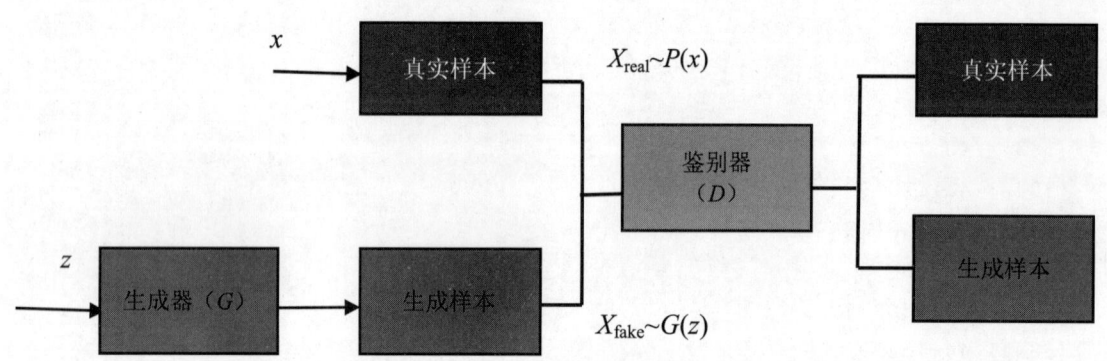

图 15-11   生成对抗网络

其中，$X_{\text{real}}{\sim}P(x)$ 表示是真实样本 x 的分布，$X_{\text{fake}}{\sim}G(z)$ 是生成样本的分布，其中 z 表示输入噪声变量。生成器的目标是生成尽可能类似于真实样本的数据，而鉴别器的目标则是从生成的样本中尽可能准确地检测出真实样本。

生成对抗网络的目标函数，如公式（15-13）所示：

$$\min{}_{G} \max{}_{D} V(D,G) = E_{x{\sim}p(x)}[\log(D(x))] + E_{z{\sim}p(z)}[\log(1 - D(G(Z)))] \tag{15-13}$$

生成对抗网络的优化过程涉及对鉴别器（Discriminator）和生成器（Generator）的交替优化。在生成对抗网络中，鉴别器的任务是尽可能准确地区分真实样本和由生成器产生的样本。相反，生成器的目标是创造出足够真实的数据，以骗过鉴别器。

在优化鉴别器时，对于真实样本 x，我们希望鉴别器能够输出接近 1 的概率，因为真实样本的标签是 1。因此，最大化 $D(x)$ 是合理的目标。而对于生成样本 $G(z)$，我们则希望鉴别器的输出概率接近 0，因为生成样本的标签是 0。因此，最小化 $D(G(z))$（或者等价地，最大化 $1-D(G(z))$）是正确的策略。鉴别器的目标是通过同时最大化对真实样本的判别概率和最小化对生成样本的判别概率，来正确地区分真实和生成的样本。

在优化生成器时，我们的目标是使生成样本能够欺骗鉴别器，即让生成样本被鉴别器错误地判断为真实样本（标签为 1）。为了达到这个目标，我们需要最大化 $D(G(z))$，这意味着生成器希望其生成的样本在鉴别器看来尽可能像真实样本。

通过交替地训练鉴别器和生成器，GAN 的目标是找到一个平衡点，在这个平衡点上，生成器能够生成逼真的样本，而鉴别器则无法准确地区分真实和生成的样本。最终，GAN 的优化目标是通过训练最小最大化（Minimax）目标函数，同时提升生成器和鉴别器的性能。这种对抗性训练方法使得生成器和鉴别器相互竞争，共同进步，从而生成高质量的样本。

[范例程序 15-5] GAN 应用

```
# 载入keras3包
> library(keras3)
>
# 定义生成器模型
> generator <- keras_model_sequential() |>
+   layer_dense(units=256,input_shape= c(100), activation = 'relu') |>
+   layer_dense(units = 784, activation = 'sigmoid')
> summary(generator)
Model: "sequential_1"
```

Layer (type)	Output Shape	Param #
dense_3 (Dense)	(None, 256)	25856
dense_2 (Dense)	(None, 784)	201488

```
Total params: 227,344
Trainable params: 227,344
Non-trainable params: 0
```

```
# 定义鉴别器模型
> discriminator <- keras_model_sequential() |>
+   layer_dense(units=256,input_shape=c(784), activation = 'relu') |>
+   layer_dense(units = 1, activation = 'sigmoid')
> summary(discriminator)
Model: "sequential_2"
```

Layer (type)	Output Shape	Param #

```
=================================================================
 dense_5 (Dense)              (None, 256)                 200960
 dense_4 (Dense)              (None, 1)                      257
=================================================================
Total params: 201,217
Trainable params: 201,217
Non-trainable params: 0
```

设置鉴别器的损失函数、优化函数、评估指标

```
> discriminator |> compile(
+   loss = 'binary_crossentropy',
+   optimizer = optimizer_adam(),
+   metrics = 'accuracy'
```

冻结鉴别器的权重，组合生成器和鉴别器为 GAN 模型

```
> discriminator$trainable <- FALSE
> gan_input <- layer_input(shape = c(100))
> gan_output <- discriminator(generator(gan_input))
> gan <- keras_model(inputs = gan_input, outputs = gan_output)
```

设置 GAN 模型的损失函数、优化函数

```
> gan |> compile(
+   loss = 'binary_crossentropy',
+   optimizer = optimizer_adam()
+ )
```

加载 MNIST 数据集

```
> mnist <- dataset_mnist()
> x_train <- mnist$train$x
> x_train <- reticulate::array_reshape(x_train, c(nrow(x_train), 784))
> x_train <- x_train / 255
```

训练 GAN 模型

```
> batch_size <- 64
> epochs <- 20000
```

```r
> save_interval <- 1000
> for (i in 1:epochs) {
+   # 生成随机噪声
+   noise <- reticulate::array_reshape(runif(batch_size
*100,-1,1),c(batch_size, 100))

+   # 生成假样本
+   generated_images <- generator |> predict(noise)
+
+   # 创建混合的真实和假样本
+   x_combined <- rbind(x_train[sample(1:nrow(x_train), batch_size), , drop =
FALSE], generated_images)
+   y_combined <- c(rep(1, batch_size), rep(0, batch_size))
+
+   # 训练鉴别器
+   d_loss <- discriminator |> train_on_batch(x_combined,y_combined)
+
+   # 训练生成器
+   noise <- reticulate::array_reshape(runif(batch_size * 100, -1, 1),
c(batch_size, 100))
+   g_loss <- gan |> train_on_batch(noise, rep(1, batch_size))
+
+   # 打印损失
+   if (i %% 100 == 0) {
+     cat(paste("Epoch:", i, "D Loss:", d_loss, "G Loss:", g_loss, "\n"))
+   }
+   # 保存生成的图像
+   if (i %% save_interval == 0) {
+     # 'png()'函数用于创建一个PNG格式的绘图设备，并指定要保存生成的
+     # 图像的文件路径和文件名
+     png(file = paste0("C:/Temp/generated_image_", i, ".png"))
+     par(mfrow=c(3, 3))
+     for (j in 1:9) {
+       image <- reticulate::array_reshape(generated_images[j, ], c(28, 28))
+       # apply(image, 2, rev)函数的目的是将矩阵image的每一column
+       # 进行反转（reverse）确保生成的图像在显示时正确排列
+       # t()函数用于转置矩阵，即将矩阵的行和列进行交换
+       image <- t(apply(image, 2, rev))
+       # 绘制矩阵image的图像，并使用灰度颜色映射来显示图像
+       image(image, col = gray((0:255)/255))
+     }
```

```
+    dev.off()  # 用于关闭保存生成图像所用的PNG绘图设备
+    }
+ }

2/2 [==============================] - 0s 6ms/step
2/2 [==============================] - 0s 7ms/step
2/2 [==============================] - 0s 7ms/step
2/2 [==============================] - 0s 7ms/step
2/2 [==============================] - 0s 7ms/step
2/2 [==============================] - 0s 8ms/step
2/2 [==============================] - 0s 6ms/step
...
2/2 [==============================] - 0s 7ms/step
2/2 [==============================] - 0s 7ms/step
2/2 [==============================] - 0s 7ms/step
2/2 [==============================] - 0s 7ms/step
2/2 [==============================] - 0s 7ms/step
2/2 [==============================] - 0s 7ms/step
2/2 [==============================] - 0s 7ms/step
2/2 [==============================] - 0s 6ms/step
2/2 [==============================] - 0s 6ms/step
2/2 [==============================] - 0s 7ms/step
2/2 [==============================] - 0s 7ms/step
Epoch: 20000 D Loss: 0.2066955 0.921875 G Loss: 2.512971
```

运行结果如图 15-12 和图 15-13 所示。

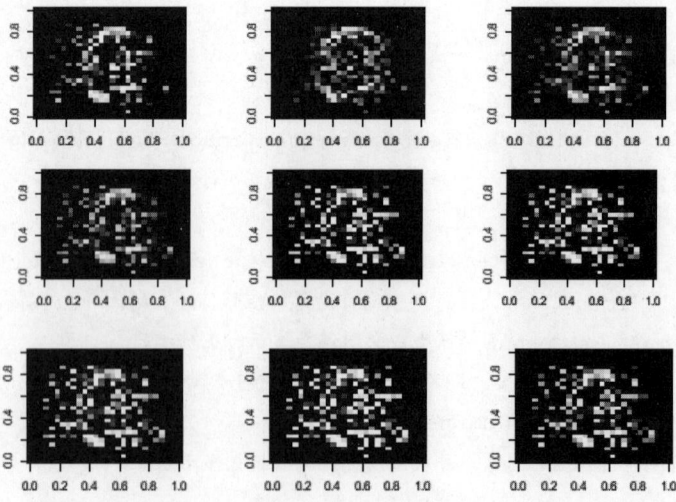

图 15-12   epoch=1000 生成的图像

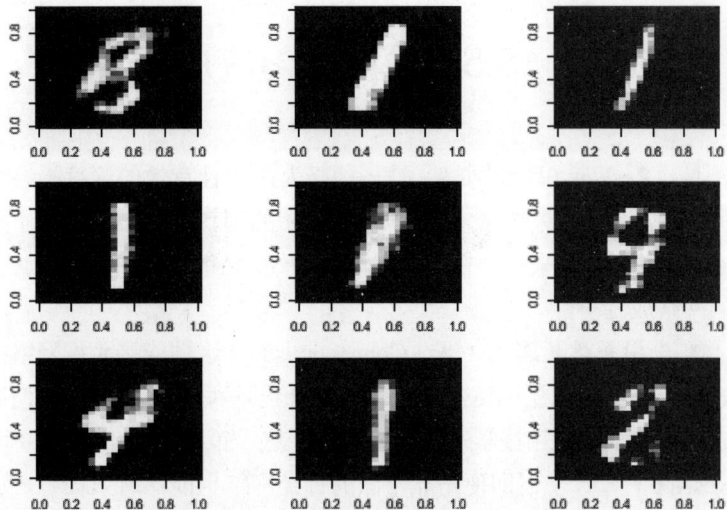

图 15-13　epoch=20000 生成的图像

```
# 使用生成器生成一些样本并显示
> noise <- reticulate::array_reshape(runif(25 * 100, -1, 1), c(25, 100))
> generated_samples <- generator |> predict(noise)
1/1 [==============================] - 0s 32ms/step
>
> par(mfrow=c(3, 3))
> for (i in 1:9) {
+   image <- reticulate::array_reshape(generated_samples[i, ], c(28, 28))
+   image <- t(apply(image, 2, rev))
+   image(image, col = gray((0:255)/255))
+ }
```

生成器的生成样本如图 15-14 所示。

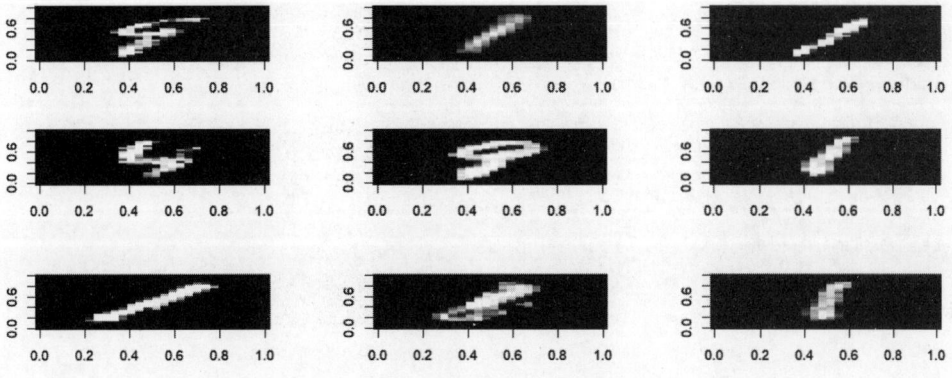

图 15-14　显示生成器的生成样本

15.5　深度学习应用

在深度学习领域，ResNet（残差网络）是一种极为流行且有效的深度神经网络架构，广泛应用于图像识别、目标检测等计算机视觉任务中。ResNet 的创新之处在于引入了残差学习的概念，并通过残差块（Residual Blocks）来解决在训练极深层神经网络时遇到的梯度消失和梯度爆炸问题，这使得训练更深的网络成为可能。

ResNet 的核心在于引入跳跃连接（Skip Connections），这种连接允许网络中的信息绕过某些层直接传播，有效降低了训练深层网络的优化难度。通过这种方式，ResNet 使得网络能够学习到残差映射（Residuals），而不是直接学习完整的映射，这一策略有助于缓解梯度消失的问题。

总体而言，ResNet 的设计使得即便是非常深的神经网络也能够有效训练，避免了梯度消失的问题，因此在图像识别等领域取得了显著成果。ResNet 的结构具有灵活性，可以根据具体任务的复杂度和需求进行调整。它包括不同深度的变体，如 ResNet-18、ResNet-50 等，以适应不同的应用场景和性能要求。

[范例程序 15-6]　ResNet 应用

```
# 载入Keras3包
> library(keras3)


# 实例化ResNet-50模型
> model <- application_resnet50(weights = 'imagenet')


# 加载图像
img_path <- "C:/Temp/elephant.jpg"
img <- keras3::image_load(img_path, target_size = c(224, 224))
x <- image_to_array(img)


# 读取JPG图片文件
> img <- readJPEG(img_path)


显示图片
> plot(0:1,0:1,type="n",ann=FALSE,axes=FALSE)
> rasterImage(img,0,0,1,1)
```

运行结果如图 15-15 所示。

图 15-15 显示大象图片

```
# 把维度改变为4d，然后对输入进行预测，使用ResNet-50

> x <- reticulate::array_reshape(x, c(1, dim(x)[1], dim(x)[2], dim(x)[3]))
> x <- imagenet_preprocess_input(x)

# 进行预测，然后解码并打印结果

> preds <- model |> predict(x)
1/1 [==============================] - 3s 3s/step
> top_predictions <- imagenet_decode_predictions(preds, top = 3)[[1]]
> print(top_predictions)
  class_name class_description     score
1 n02504458  African_elephant 0.4764216
2 n01871265            tusker 0.3427033
3 n02504013  Indian_elephant 0.1798904
```

15.6 习   题

（1）如何改善回归分析的 MAE（平均绝对误差）。

（2）调用 application_vgg16()函数实例化 VGG16 模型，并对一张图片进行预测。请注意，VGG16 模型适用于 224×224 像素的输入。

附录 A

安 装 R

步骤 01 首先，进入 R 语言的官方网站，单击左侧的 Download→CRAN，或者单击右侧的 download R 链接，如图 A-1 所示。

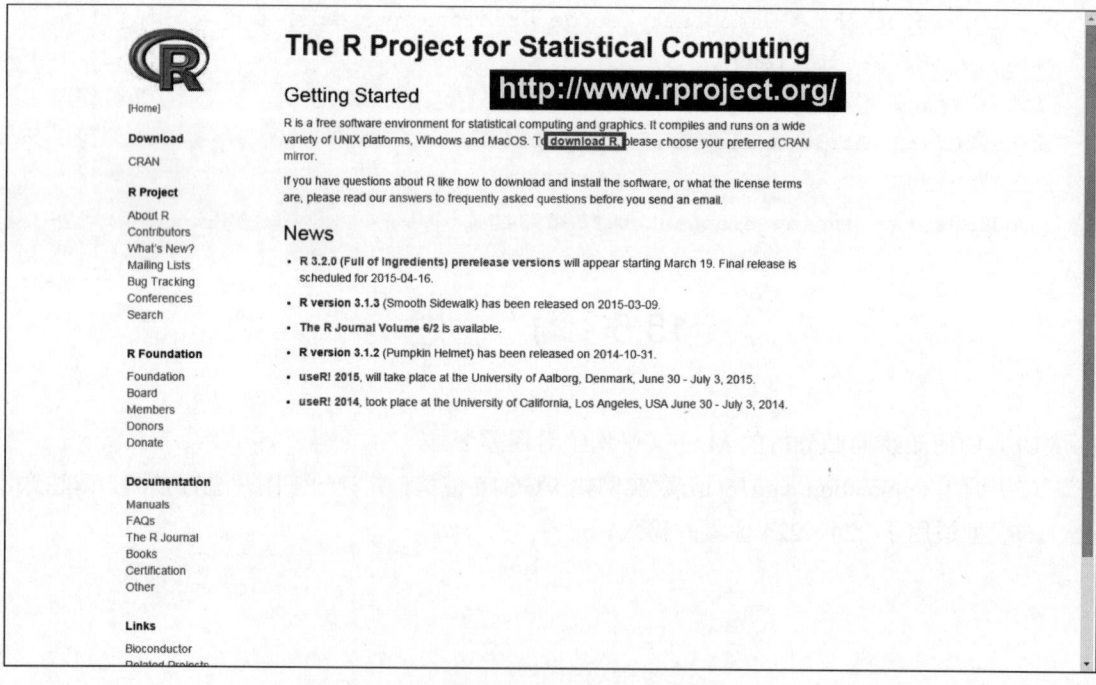

图 A-1　下载 R 语言

步骤 02 接着，选择相关的镜像，镜像是按照国家或地区进行分组的，找到 China，在其中任意选择一个镜像即可，如图 A-2 所示。

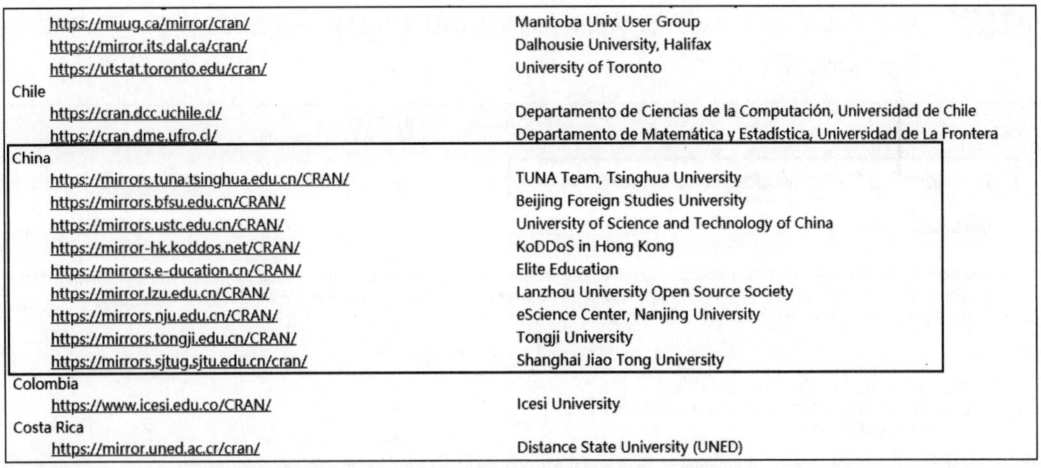
https://muug.ca/mirror/cran/ Manitoba Unix User Group
https://mirror.its.dal.ca/cran/ Dalhousie University, Halifax
https://utstat.toronto.edu/cran/ University of Toronto
Chile
https://cran.dcc.uchile.cl/ Departamento de Ciencias de la Computación, Universidad de Chile
https://cran.dme.ufro.cl/ Departamento de Matemática y Estadística, Universidad de La Frontera
China
https://mirrors.tuna.tsinghua.edu.cn/CRAN/ TUNA Team, Tsinghua University
https://mirrors.bfsu.edu.cn/CRAN/ Beijing Foreign Studies University
https://mirrors.ustc.edu.cn/CRAN/ University of Science and Technology of China
https://mirror-hk.koddos.net/CRAN/ KoDDoS in Hong Kong
https://mirrors.e-ducation.cn/CRAN/ Elite Education
https://mirror.lzu.edu.cn/CRAN/ Lanzhou University Open Source Society
https://mirrors.nju.edu.cn/CRAN/ eScience Center, Nanjing University
https://mirrors.tongji.edu.cn/CRAN/ Tongji University
https://mirrors.sjtug.sjtu.edu.cn/cran/ Shanghai Jiao Tong University
Colombia
https://www.icesi.edu.co/CRAN/ Icesi University
Costa Rica
https://mirror.uned.ac.cr/cran/ Distance State University (UNED)

图 A-2 选择镜像

步骤 03 选择操作系统。R 语言为 Linux、Windows 以及 Mac OS X 提供了相应的版本，如图 A-3 所示。

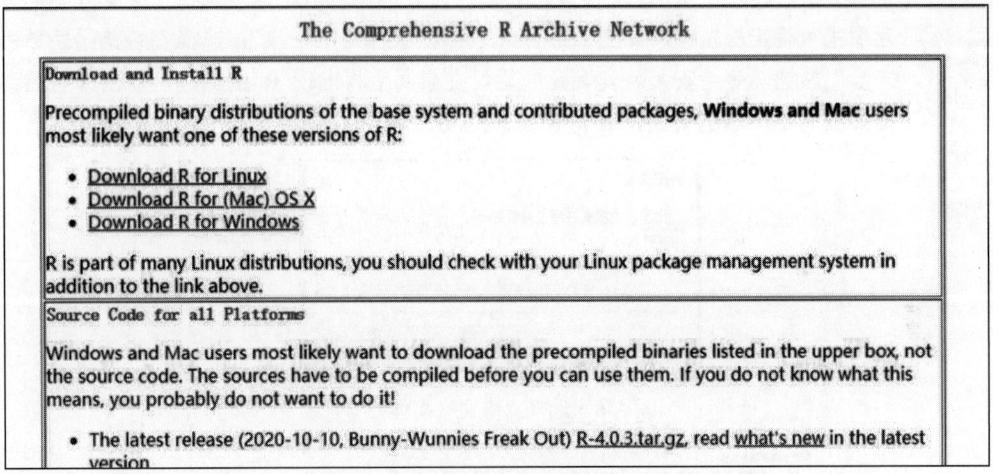
The Comprehensive R Archive Network
Download and Install R
Precompiled binary distributions of the base system and contributed packages, Windows and Mac users most likely want one of these versions of R:
• Download R for Linux
• Download R for (Mac) OS X
• Download R for Windows
R is part of many Linux distributions, you should check with your Linux package management system in addition to the link above.
Source Code for all Platforms
Windows and Mac users most likely want to download the precompiled binaries listed in the upper box, not the source code. The sources have to be compiled before you can use them. If you do not know what this means, you probably do not want to do it!
• The latest release (2020-10-10, Bunny-Wunnies Freak Out) R-4.0.3.tar.gz, read what's new in the latest version

图 A-3 选择操作系统适用的 R 版本

步骤 04 选择版本后，单击 base，或者单击 install R for the first time 链接，如图 A-4 所示。

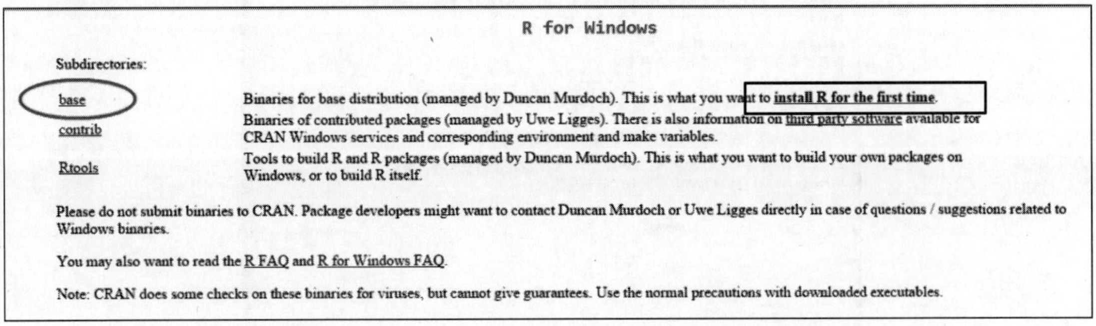
R for Windows
Subdirectories:
base Binaries for base distribution (managed by Duncan Murdoch). This is what you want to install R for the first time.
contrib Binaries of contributed packages (managed by Uwe Ligges). There is also information on third party software available for CRAN Windows services and corresponding environment and make variables.
Rtools Tools to build R and R packages (managed by Duncan Murdoch). This is what you want to build your own packages on Windows, or to build R itself.
Please do not submit binaries to CRAN. Package developers might want to contact Duncan Murdoch or Uwe Ligges directly in case of questions / suggestions related to Windows binaries.
You may also want to read the R FAQ and R for Windows FAQ.
Note: CRAN does some checks on these binaries for viruses, but cannot give guarantees. Use the normal precautions with downloaded executables.

图 A-4 选择 base 或单击 install R for the first time 链接

步骤 05 单击 Download R 4.0.3 for Windows 的链接即可下载 R，如图 A-5 所示。我们将文件下载到本地计算机中。

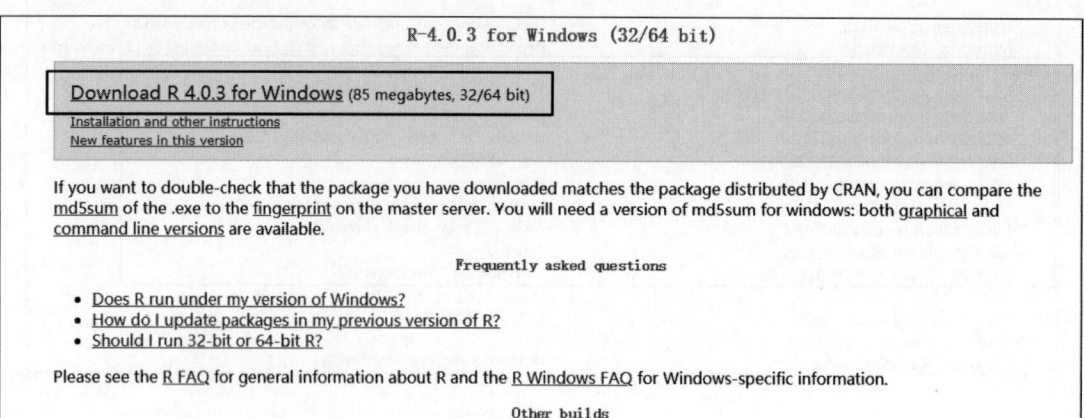

图 A-5　单击下载链接

步骤 06 下载完成后，双击 EXE 文件进行安装。首先选择语言，这里选择"中文（简体）"，然后单击"确定"按钮，如图 A-6 所示。默认选择"下一步"，选择安装路径后单击"下一步"按钮，等待安装。安装完成后，在桌面上将出现 R 的图标，双击即可启动，弹出如图 A-7 所示的界面，证明 R 安装成功了。

图 A-6　选择"中文（简体）"

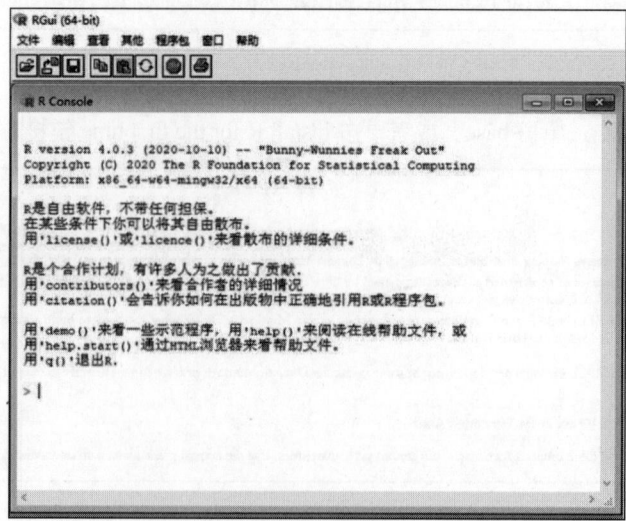

图 A-7　R 软件界面

附录 B

安装 RStudio Desktop 和 rattle

步骤 01 首先，打开 RStudio 官方网站下载 RStudio Desktop，如图 B-1 所示。

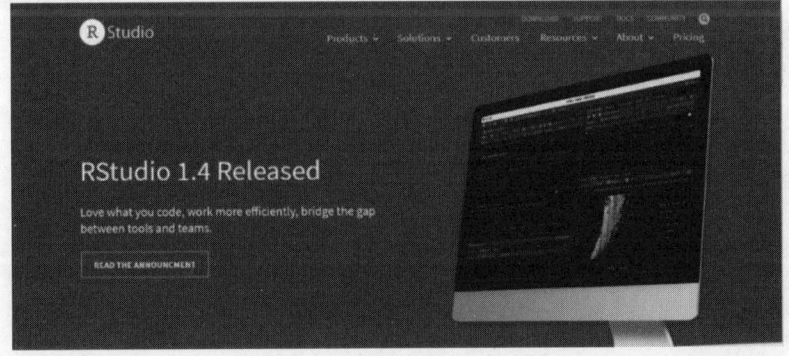

图 B-1　打开 RStudio 官方网站

步骤 02 进入下载页面后，单击 Free 下的 DOWNLOAD 按钮，如图 B-2 所示。

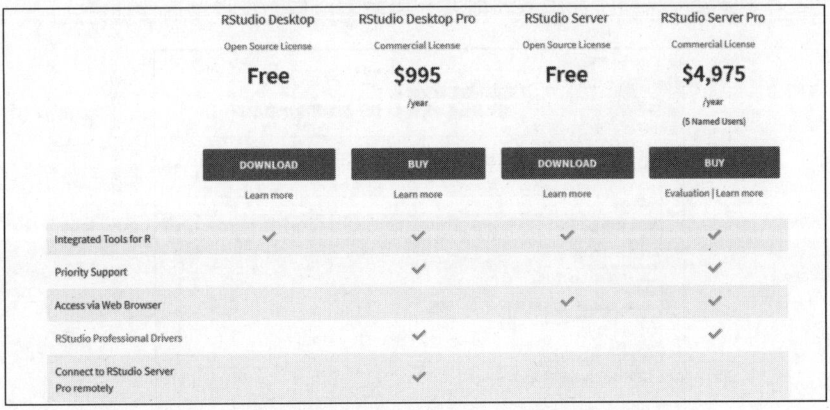

	RStudio Desktop	RStudio Desktop Pro	RStudio Server	RStudio Server Pro
	Open Source License	Commercial License	Open Source License	Commercial License
	Free	**$995**	**Free**	**$4,975**
		/year		/year
				(5 Named Users)
	DOWNLOAD	BUY	DOWNLOAD	BUY
	Learn more	Learn more	Learn more	Evaluation | Learn more
Integrated Tools for R	✓	✓	✓	✓
Priority Support		✓		✓
Access via Web Browser			✓	✓
RStudio Professional Drivers		✓		✓
Connect to RStudio Server Pro remotely		✓		

图 B-2　单击 DOWNLOAD 按钮

步骤 **03** 进入如图 B-3 所示的页面，下载安装文件。注：①安装 RStudio 之前需要安装 R 3.0.1+；②单击下载 Requires Windows 10/8/7 (64-bit)。

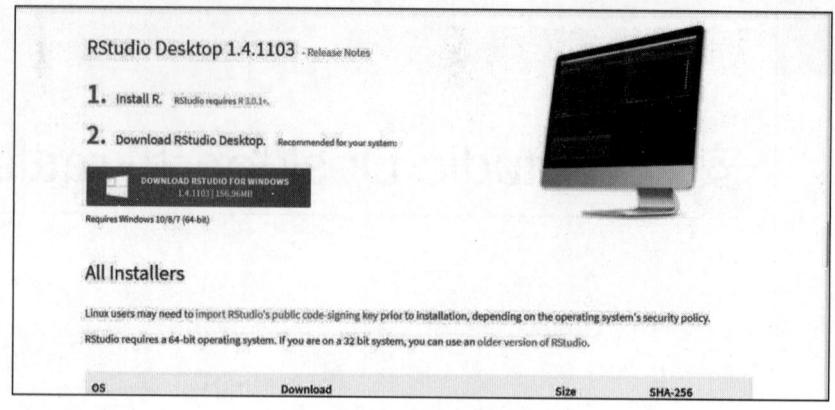

图 B-3   下载安装文件

步骤 **04** 开始安装。双击安装文件进入欢迎界面，单击"下一步"按钮，如图 B-4 所示。然后选择安装目录，单击"下一步"按钮，如图 B-5 所示。

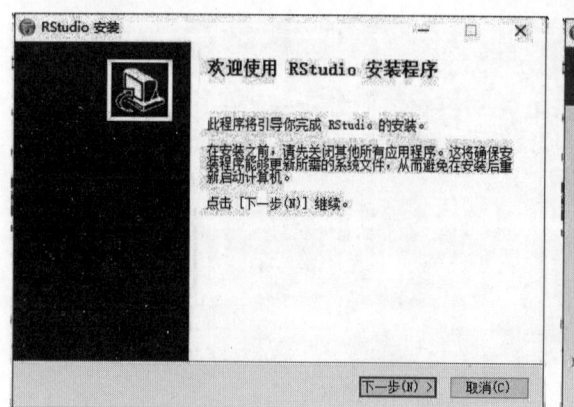

图 B-4   欢迎界面

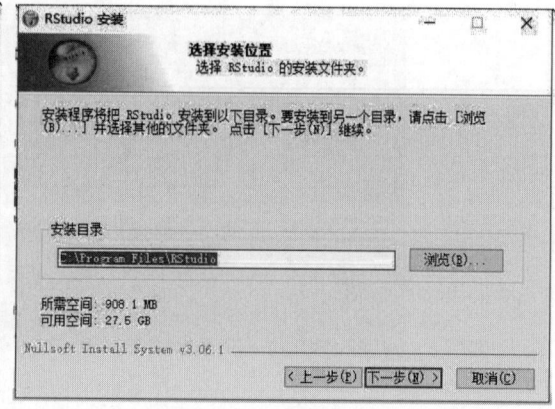

图 B-5   选择安装目录

单击"安装"按钮，如图 B-6 所示，安装完成后会生成桌面快捷方式。

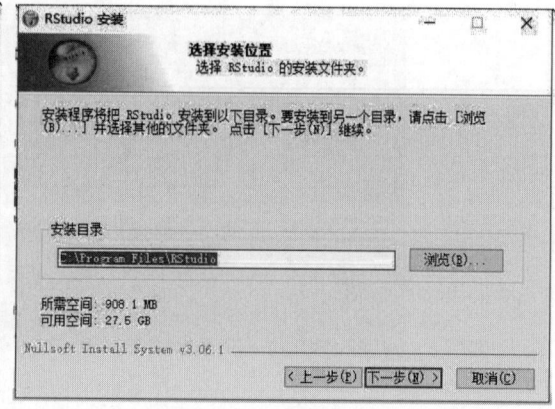

图 B-6   单击"安装"按钮

单击 Tools 菜单下的 Global Options 选项，在 Options 界面选择 Appearance 选项，编辑界面字体，如图 B-7 所示。

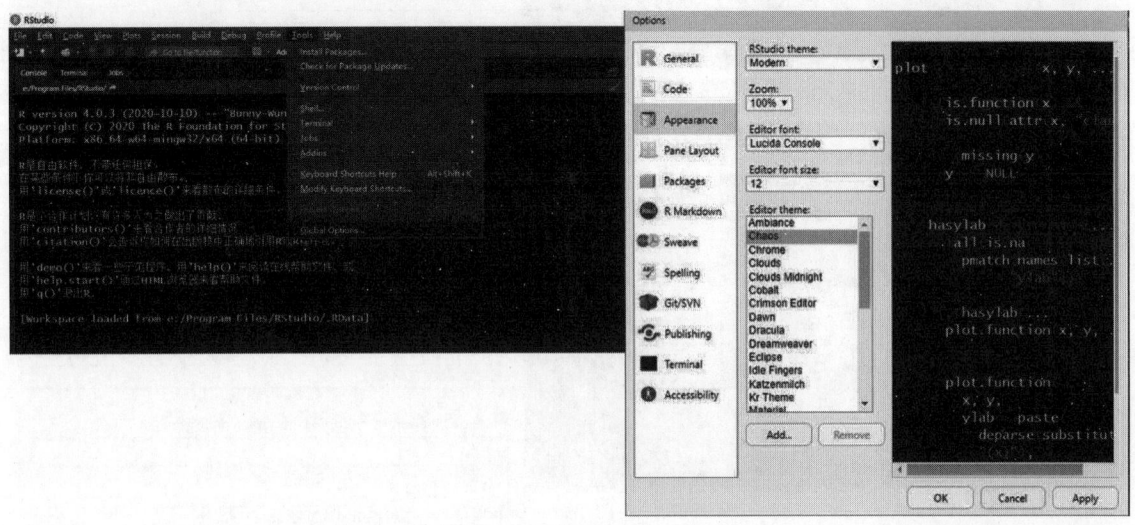

图 B-7 编辑界面字体

单击 Packages 选项，改变镜像地址为 China（Beijing 1）（这样下载速度会快一些），如图 B-8 所示。

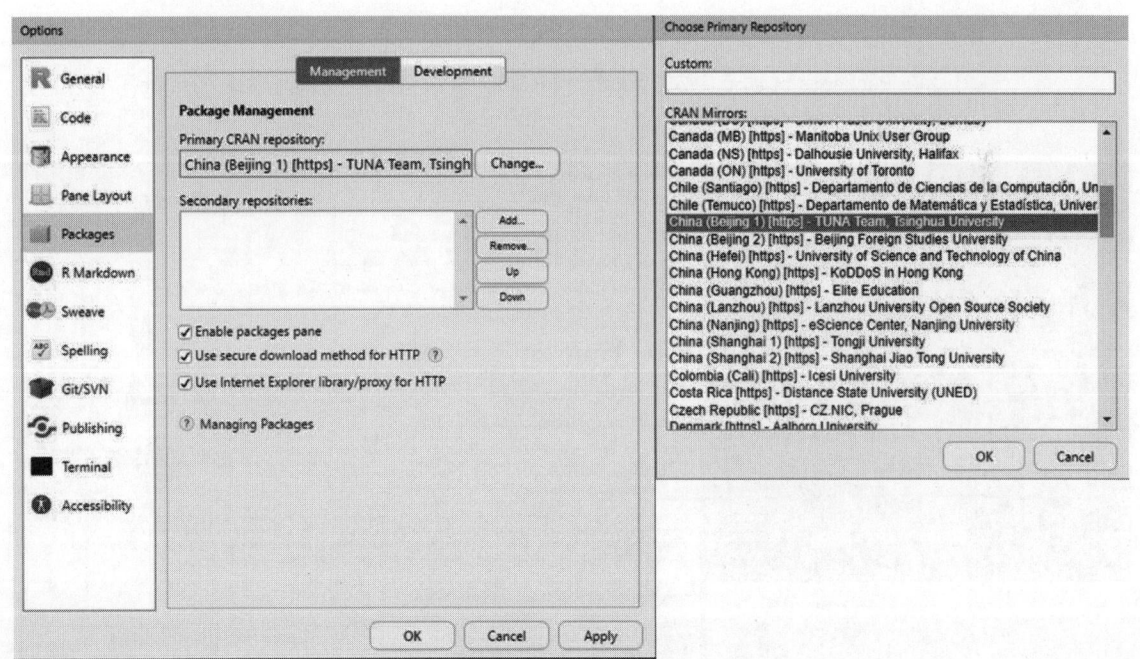

图 B-8 改变镜像地址

接下来安装 rattle。单击 Install 按钮，在弹出的 Install 界面中分别输入 RGtk2 和 rattle，再单击 Install 按钮，如图 B-9 所示。

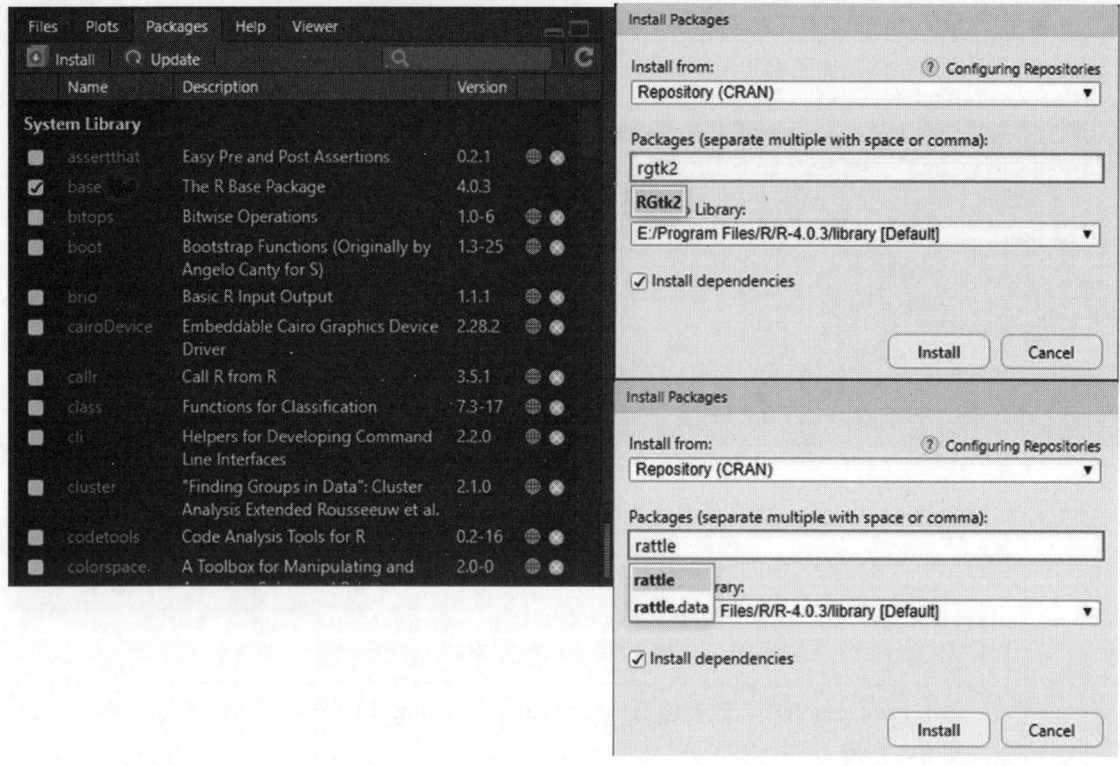

图 B-9　安装 rattle

然后在 Packages 选项卡中勾选 rattle 和 RGtk2 复选框，在代码区中输入 rattle()，之后按回车键即可，如图 B-10 所示。

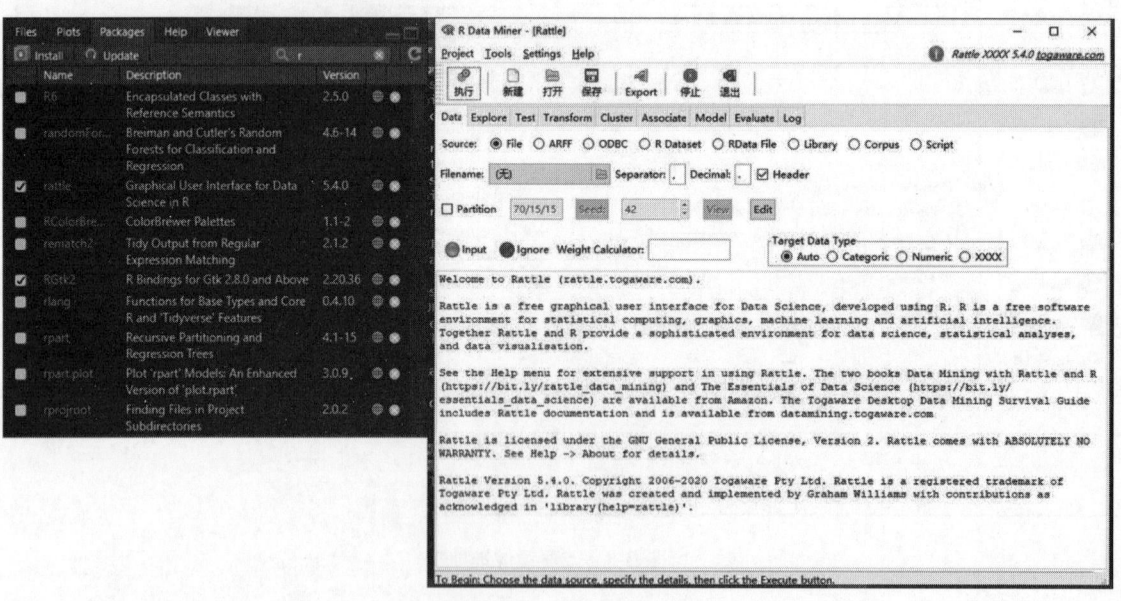

图 B-10　成功安装

注意：如果在安装的过程中出现问题，可以将这个 gtk 文件放入如图 B-11 所示的路径中进行解压。

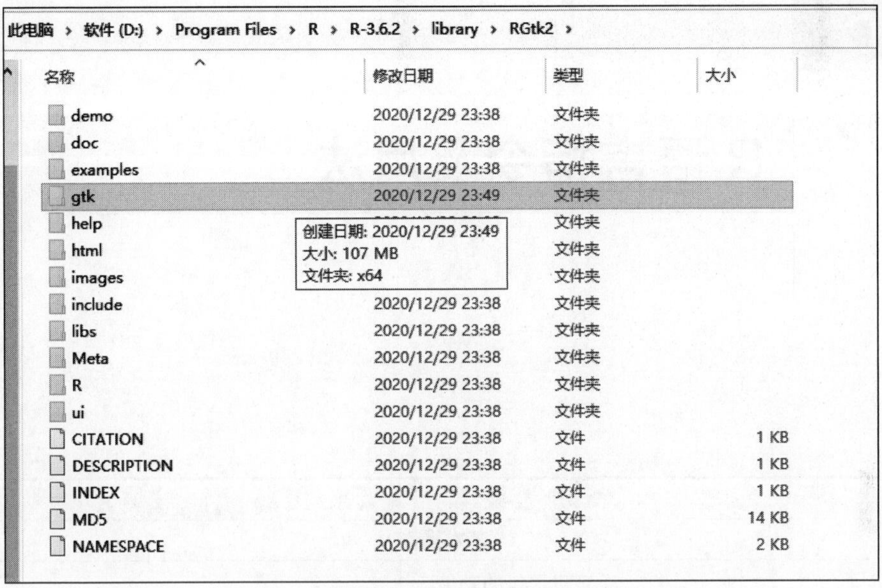

此电脑 › 软件 (D:) › Program Files › R › R-3.6.2 › library › RGtk2 ›			
名称	修改日期	类型	大小
demo	2020/12/29 23:38	文件夹	
doc	2020/12/29 23:38	文件夹	
examples	2020/12/29 23:38	文件夹	
gtk	2020/12/29 23:49	文件夹	
help	2020/12/29 23:49 创建日期: 2020/12/29 23:49	文件夹	
html	大小: 107 MB	文件夹	
images	文件夹: x64	文件夹	
include	2020/12/29 23:38	文件夹	
libs	2020/12/29 23:38	文件夹	
Meta	2020/12/29 23:38	文件夹	
R	2020/12/29 23:38	文件夹	
ui	2020/12/29 23:38	文件夹	
CITATION	2020/12/29 23:38	文件	1 KB
DESCRIPTION	2020/12/29 23:38	文件	1 KB
INDEX	2020/12/29 23:38	文件	1 KB
MD5	2020/12/29 23:38	文件	14 KB
NAMESPACE	2020/12/29 23:38	文件	2 KB

图 B-11 解压路径

R 语言指令及用法

指　令	功　能
基本操作	
demo(包)	演示包的功能
library(包)	引用或加载包
data(数据)	引用或加载数据
head(数据,n)	显示数据前 n 行数据，默认 $n=6$
tail(数据,n)	显示数据后 n 行数据，默认 $n=6$
setwd("路径")	切换工作目录
getwd()	取得工作目录
length()	计算对象中元素的数量
mode()	获取对象的数据类型
class()	获取对象的类
str()	获取对象的数据结构
rm(list=ls());gc()	清除所有对象
对象及其运算	
%/%	整除
%%	求余数
%*%	矩阵相乘
%in%	判断是否在某个集合内
|	或（OR）
&	且（AND）
!	否（NOT）
seq(from, to, by)	产生以 by 为递增值的向量
assign("对象名称", 表达式)	创建对象，并将表达式的值传入
c()	创建向量对象

（续表）

指　　令	功　　能
对象及其运算	
array(x, dim=c())	按照 dim 维创建 array 对象
matrix(x, nrow, ncol, byrow)	创建 x 为 nrowr × ncol 的矩阵，byrow=T 时，以行的顺序排列
factor(x, levels=c())	按照 levels 排列创建 factor 对象
data.frame()	创建数据框（data frame）对象
list(name1=value1,…)	创建列表（list）对象
rbind()	按行合并
cbind()	按列合并
t()	转置矩阵
det()	求矩阵行列式的值
eigen()	计算矩阵特征值和特征向量
solve()	求反矩阵
solve(A, b)	求矩阵 $Ax=b$ 的 x 解
qr()	求矩阵 qr 分解
svd()	求矩阵 svd 分解
edit()	以电子表格方式编辑对象数据
view()	以电子表格方式显示对象数据
fix()	以电子表格方式修改对象数据
read.table()	输入多种格式的数据文件
scan()	输入数据
read.csv()	输入逗号分隔的 CSV 格式文件
write.table()	输出多种格式的数据文件
write.csv()	输出逗号分隔的 CSV 格式文件
save()	将对象存储为 RData 格式
load()	加载 RData 文件内的所有对象
file.choose()	以窗口选取来替代路径，搭配输入函数
as.	各种对象的转换
流程控制	
ifelse(condition, T, F)	用于二分类逻辑判断，condition 成立时执行 T，否则执行 F
if(condition){表达式 1} else{表达式 2}	condition 成立时执行表达式 1，否则执行表达式 2
switch(计算值,表达式 1，表达式 2，…)	按照计算值（整数或文字）决定要执行的表达式
while(condition){表达式}	condition 成立时执行表达式
repeat{}	重复执行表达式直到跳出循环
break	终止并跳出循环
next	跳过当前循环体其后尚未执行的语句，直接执行下一轮循环
apply(x, MARGIN, function)	对矩阵或数据框架的 x 对象按列或行（MARGIN=1 或 2）执行 function()函数

（续表）

指　　令	功　　能
流程控制	
lapply(x ,function)	对 x 对象执行 function()函数并以列表方式返回
sapply(x, function)	对 x 对象执行 function()函数并返回较简单的向量或矩阵方式
数学函数	
sum()	返回元素总和
abs(x)	返回 x 绝对值
sqrt(x)	返回 x 平方根的值
ceiling(x)	返回大于或等于 x 的最小整数
floor(x)	返回小于或等于 x 的最大整数
round(x,n)	将 x 四舍五入到第 n 位
trunc(x)	返回 x 的整数部分
max()	返回最大值
min()	返回最小值
sign()	判断正负号
exp()	指数函数
log(x, base)	对数函数
sin()、cos()、tan()、asin()、acos、atan()	三角函数、反三角函数
mean()	返回平均值
median()	返回中位数
var()	返回方差
sd()	返回标准差
range()	返回最大值及最小值
IQR()	返回 IQR 值
cor(x, y)	返回 x 及 y 的相关系数
绘图函数	
plot(x)	以 x 横坐标（x 轴）、y 为纵坐标（y 轴）来绘图
plot(x, y)	以 x（x 轴）和 y（y 轴）来绘图
pie(x)	绘制饼图
boxplot(x)	绘制盒形图
stem(x)	绘制茎叶图
dotchart(x)	绘制散点图
hist(x)	绘制直方图
barplot(x)	绘制条形图
contour(x, y, z)	绘制等高线图
points(x, y)	加上点
lines(x, y)	加上直线
text(x, y, labels)	在指定位置显示指定文字
abline(a, b)	加上直线（$y=ax+b$）

（续表）

指　　令	功　　能
绘图函数	
abline(h=y);abline(v=x)	加上水平线或垂直线
legend(x ,y, legend)	在指定位置画出图例
title(main, sub)	加上主标题或副标题
locator(n, type)	选择当前图形上的特定位置，最多取 n 次
identify(x, y, n, label)	在指定点旁显示其在原向量中的指标值，最多选择 n 次
par(margin=c(a, b ,c, d))	设置离底部、左边、上方及右边的边界值，单位为分米
par(mfcol=c(a, b))	以 $a \times b$ 矩阵将多张图形画在同一页，按行的顺序画图
par(mfrow=c(a, b))	以 $a \times b$ 矩阵将多张图形画在同一页，按列的顺序画图
其他函数	
na.omit();na.exclude()	删除 NA 值
is.na()	判断元素是否为 NA
na.rm=T	在某些函数内使用，可删除 NA 值
proc.time();system.time()	测量程序代码运行的时间
system("command")	调用系统函数
Sys.time()	读取时间
Sys.sleep(x)	让程序暂时停止执行 x 秒

质检5